高等职业教育艺术设计类工作室教学实训教材

服装 CAD 工业制版

李天慧 编著

中国建筑工业出版社

图书在版编目(CIP)数据

服装CAD工业制版／李天慧编著．—北京：中国建筑工业出版社，2011
（高等职业教育艺术设计类工作室教学实训教材）
ISBN 978-7-112-13271-3

Ⅰ.①服… Ⅱ.①李… Ⅲ.①服装－计算机辅助设计 Ⅳ.①TS941.26

中国版本图书馆CIP数据核字(2011)第097898号

责任编辑：费海玲　张振光
责任设计：陈　旭
责任校对：刘梦然　姜小莲

高等职业教育艺术设计类工作室教学实训教材
服装CAD工业制版
李天慧　编著
*
中国建筑工业出版社出版、发行（北京西郊百万庄）
各地新华书店、建筑书店经销
北京方舟正佳图文设计有限公司制版
北京云浩印刷有限责任公司印刷
*
开本：880×1230毫米　1/16　印张：$5\frac{1}{2}$　字数：186千字
2011年11月第一版　2011年11月第一次印刷
定价：35.00元
ISBN 978-7-112-13271-3
　　（20708）

版权所有　翻印必究
如有印装质量问题，可寄本社退换
（邮政编码 100037）

前　言

　　服装 CAD 是利用计算机的软、硬件技术，对服装新产品和服装工艺过程按照服装设计的基本要求，进行输入、设计及输出等的一项专门技术，是集计算机图形学、数据库、网络通信等计算机及其他领域知识于一体的一项综合性的高新技术。它被人们称为服装艺术设计和计算机科学交叉的边缘学科。传统的服装制作有 4 个过程，即款式设计、结构设计、工艺设计及生产过程。服装 CAD 正是覆盖了款式设计、结构设计和工艺设计这 3 个部分和生产环节中的放码、排料，另外还增加了模拟试衣系统。服装 CAD 还能与服装 CAM 相结合，实现自动化生产，加强了企业的快速反应能力，避免了由人工因素带来的失误和差错，并具有提高工作效率和产品质量等特点。服装 CAD 技术融合了设计师的思想、技术和经验，通过计算机强大的计算功能，使服装设计更加科学化、高效化，为服装设计师提供了一种现代化的工具。服装 CAD 是未来服装设计的重要手段。

　　运用服装 CAD 技术可以切实改善服装企业的生产环境，提高生产效率，增加效益。还可以拓展设计师的思路，降低样板师的劳动强度，提高裁剪的准确性。同时还可以随时调用及修改，充分体现服装工作的技术价值。因此，对于现代服装业而言，服装 CAD 技术的运用已成为不可改变的趋势，而从业人员尽早学习和掌握服装 CAD 技术知识已成当务之急。

　　目前市场上流行的 CAD 软件很多，具有规模的服装企业，都是几套软件在同时应用。本教程以我国航天部门出版的《Arisa CAD》为主，结合辽宁经济职业技术学院工艺美术学院工作室模式教学的特点，讲解如何用服装 CAD 软件进行服装结构设计部分的实训，通过实际服种的训练，使学生能够掌握利用服装 CAD 进行结构设计的技巧，以便使学生能够灵活应用服装 CAD 进行工业化生产。

目 录 CONTENTS

前言

一、工业制版概述（理论讲授） ·· 01
  （一）服装 CAD 概述 ·· 01
  （二）服装工业制版概述 ·· 01
  （三）国家服装标准 ·· 01
  （四）服装工业制版的流程 ·· 02
  （五）服装 CAD 目前市场的应用现状 ·· 02

二、工作室教学第一单元——裙子 CAD 制版 ·· 03
  （一）原型裙子制版 ·· 03
  （二）裙子款式的变化与制版 ·· 17

三、工作室教学第二单元——裤子 CAD 制版 ·· 37
  （一）原型裤子制版 ·· 37
  （二）裤子款式的变化与制版 ·· 40

四、工作室教学第三单元——女上衣 CAD 制版 ·· 44
  （一）原型上衣制版 ·· 44
  （二）上衣款式的变化与制版 ·· 51

五、工作室教学第四单元——女连身装 CAD 制版 ·· 62
  旗袍制版 ·· 62

六、工作室教学第五单元——男装 CAD 制版 ·· 68
  （一）男原型上衣制版 ·· 68
  （二）男装款式的变化与制版 ·· 70

参考文献 ·· 83

一、工业制版概述（理论讲授）

（一）服装CAD概述

服装CAD是计算机技术与服装设计技术完美结合的产物。它使服装企业的生产管理、服装设计技术、服装制版技术、服装排料技术、服装放码技术等进入了高科技的发展阶段，使服装实现了数字化的生产。

（二）服装工业制版概述

1. 工业制版的概念

工业制版是指服装企业进行批量生产和加工服装时所制定的样版，它是服装企业生产时裁剪衣片的依据，它的保障技术要求严于量体裁衣。量体裁衣是单件缝制,边缝制还可以边修剪，它的技术要求是符合着衣人的体形。而批量生产的商品服装，首先要达到国家标准所规定的各项技术指标。裁制批量服装少则几十件，多则成百上千件，制成的衣片如果有误差，会影响整个生产工艺流程，所以在制版时首先要掌握服装国家标准。

2. 服装工业制版与单量单裁的区别

（1）服务对象不同：单量单裁是针对个体服务，而工业制版是服务一特定的群体。

（2）制版标准不同：单量单裁没有严格的标准，而工业制版必须符合国家标准体系。

（3）服装规格设计：单量单裁不需要进行规格设计，多数是个性化服务，而工业制版必须依据《国家标准号型学》进行服装的规格设计，这是企业制版的关键。

（三）国家服装标准

1. 服装生产的技术标准依据

国家技术监督局已发布了多项服装国家标准，如男子服装号型、女子服装号型、儿童服装号型、男女单服装、棉服装、毛呢服装等服装的各类标准。还有服装制图、服装名词术语等。在这些标准中，对商品服装的号型、规格、原材料的使用，缝纫技术要求，外观瑕疵的部位划分和规定，平整、包装等生产中的一系列技术工艺都作了详细的阐述和规定，是生产批量商品服装时必须遵循的技术规章。

2. 制版技术标准

制版时要遵循款式设计图或标样，它是制版时外观造型的依据。制成的样版，缝制成衣之后，必须与款式设计图或标样完全一致。

3. 制版注意事项

制版时使用的纸版，要注意它的防缩性，缩量大的纸版，应进行防缩处理。

4. 服装工业制版的要求

样版应制成毛版，就是包括缝份和窝边份，如：缝份和窝边份需根据品种和要求而放，衬衫面料服装、毛料服装和棉服装的包边缝、分开缝、擗缉缝、倒缝都不能一致。肩缝、肋缝、大小袖缝一般为1cm，领口、袖窿和门襟为0.8cm。包边缝还须考虑到刀口切去的部分，窝边一般为3～4cm。检查测量样版的尺寸时，要将缝份和窝边份一起计算，由于有些原料本身有一定烫缩量，以及裁剪缝制工艺流程中的各种因素，有时制版中还需加上自然缩量，缩量在不同企业有不同的要求。样版上必须制定缝纫时所需要的印迹。印迹一般分重合印迹和缝制印迹，重合印迹行业中通称它为对刀，这种印迹若在衣片边缘处，裁剪时用电刀推一个小口；若在衣片内部，则用电锥锥上一个印迹。

样版必须制定得完整，除衣身、裤子之外，还须制定领面、领里、贴边、口袋盖、开线、袋口、垫袋等一切需用面料的样版，以及衣身里、袖里、口袋盖里、垫袋、开线等一切里料的样版。和衣身衬、垫衬、领衬、袖口衬、各种袋布的样版。总之批量生产的样版，连一块小的垫布样版也应制齐，如果裁剪时漏掉一块样版，补裁时都会浪费很多的原材料及工时。

制成的样版，还需作最后的检验，除尺寸准确无误外，还要围量领子和领口、袖窿和袖子的大小是否相符合。各接缝处如前后衣身的领口和袖窿是否圆顺，下摆和袖子接缝处有无凹凸。

样版全部制成后，必须打印上样版编号、规格号型、下料的经纱标记及串挂样版的串挂洞眼。如果企业规模较大，样版上还须打印上样版自身的顺序编号，并制定好说明书，说明每片样版裁剪的块数。制定的样版还分为裁剪版和工艺版两种。裁剪版是供裁剪衣片时使用的，大都为毛版。工艺版大都为净版，它是供给勾兜儿盖、勾领子、勾绊带等勾缝时以及画制口袋、扣眼、扣位时使用的。有时为适应专业机械生产，缝制版还需与专业机械的压角、轨道相配套。以上是对制版技艺中一些应注意的问题的概述。

（四）服装工业制版的流程

（1）服装效果审视与分析，包括对廓型、细部特征、工艺特征等的分析。

（2）选择号型，进行部位规格设计并进行服装制图。

（3）在此基础上，做出周边放量、定位、文字标记等，形成一定形状的样版。

（4）样衣审视评价与修改：审视根据标准版做出的样衣是否可满足设计效果要求，合体程度要求是否符合标准。

（5）在标准基准样版基础上，根据规格要求，确定推档基准、各部位档差分布，进行服装样版推档。

（6）服装样版检验：各控制部位及细部规格是否符合预定规格；各相关部位是否相吻合；数量是否相配；角度组合后曲线是否光滑；各部位的对位刀眼是否正确及齐全；布纹方向是否标明。同时还需进行翻卷、折破等破损现象的检查。

（五）服装CAD目前市场的应用现状

（1）CAD人才匮乏：目前服装CAD的普及率正在逐步提高，只要具有规模的企业都具有服装CAD软件，但在应用上各有差异。这主要取决于人员的操作，目前服装行业中，极缺CAD应用能力强的技师。

（2）电脑技术与服装设计技术的融合度：电脑只是服装设计过程的一个工具，我们可以借助于电脑技术的强大功能，为服装设计技术服务，但不等于不懂服装设计技术的人也能用电脑设计出好的服装款式及版型。

（3）服装CAD的制版优势：电脑具有强大的复制、修改功能，能直接对纸样进行修改，这样可以异常方便地由一个现成的纸样改为一个新的纸样。

（4）服装CAD的高效性更多地体现在放码上：根据调查，用手工一两天才能完成的放码工作，用电脑几十分钟就可以完成，而且精确度还要优于手工。电脑排料可以节省用料。

（5）电脑具有强大的存储功能：一般工厂都有纸样间用来保存纸样，多年来积存下来的纸样非常多，不但占用房间，而且查询非常麻烦。其一，服装CAD让所有的纸样都成为数字，不管有多少纸样都可以保存在计算机里，随时可轻松查询。其二，通过互联网，远程纸样传送几分钟就可以完成，再也无须焦急地等待快递公司的邮件了。其三，服装CAD已经成为制衣厂的必备设备工具之一。

二、工作室教学第一单元——裙子 CAD 制版

（一）原型裙子制版

1. 原型裙制版要求

1）款式说明

裙原型是裙子的基本型，是根据人体的标准尺寸，设计出来的合体基本型，从腰部到臀部贴身合体，从臀部至下摆呈直线状。裙身为三片结构，破后中缝，前后各收两个腰省，装腰头，为了穿脱方便和筒裙的机能性要求，在后中缝上端装拉链；为行走方便，后中缝下端开衩。可根据这一基本裙型，制作出千变万化的各种款式的裙子。

2）技术工艺标准和要求

以中间体号型 160/84A 为标准，制作一白匹布原型，要求线迹直挺。

3）实训场所、工具、材料、设备

服装 CAD 工作室、服装工艺工作室、白匹布、白轴线、剪刀等缝制设备。

4）详细制版步骤

裙原型款式图如图 2-1 所示，结构图如图 2-2 所示。

建立尺寸表（表 2-1）：

图 2-1 裙原型款式图

表 2-1 裙原型尺寸表

码号	净臀围(cm)	净腰围(cm)	裙长(cm)	立档(cm)	开衩(cm)
155/64A	86.4	64	58	17.5	19.5
160/68A	3.6	4	2	0.5	0.5
165/72A	3.6	4	2	0.5	0.5

尺寸表说明：Ⅰ. 后两个码号为档差尺寸。

　　　　　　Ⅱ. 输入码号时注意先后顺序，如果是从小码到大码，则档差为正，如果是从大码到小码则档差值为负。

【样片设计】→【新建】（图 2-3）。

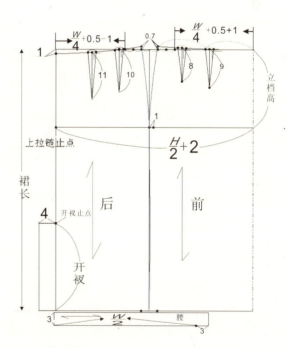

图 2-2 裙原型结构图

图 2-3 新建样片文件窗口

屏幕弹出如图2-4所示的对话框。

图2-4 新建尺寸表

【是（Y）】：表示新建一个尺寸表（图2-5）。

【否（N）】：表示选择原有的尺寸表。

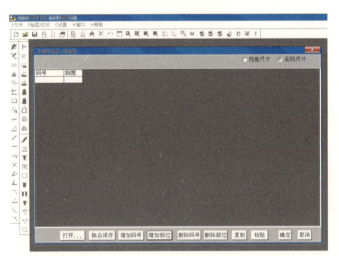

图2-5 新建尺寸表

输入码号：单击【增加码号】，如图2-6所示。

图2-6 输入码号

输入码号155/64A，键入"回车"确认，单击该码号后，再输入160/68A，键入"回车"确认，再单击160/68A后，再输入165/72A，键入"回车"确认，如图2-7所示。

码号	胸围
155/64A	0
160/68A	0
165/72A	0

图2-7 码号表

选择部位名称：在建立尺寸表的界面中，单击【增加部位】，选择【净臀围】、【净腰围】、【裙长】、【立档】、【开衩】，单击【确定】，再将部位名称【胸围】删除，如图2-8所示。

图2-8 部位名称选择

输入部位数据：如图2-9所示，选择【实际尺寸】，按照表2-1的尺寸将155/64A的各部位数据输入表中，再选择【档差尺寸】，按照表2-1的尺寸表输入160/68A、165/72A的档差尺寸。再选择【实际尺寸】。

图2-9 建好的尺寸表

单击按钮【确定】，尺寸表即建立完成。进入结构图设计界面。

建立矩形框：单击【矩形】工具，如图2-10所示，在界面中单击鼠标，即在屏幕上出现粉色矩形框，右下方出现软键盘，左下方出现矩形宽与高的输入窗口，输入数据：矩形宽－净臀围/2+2，矩形高－裙长（不含腰头宽）。

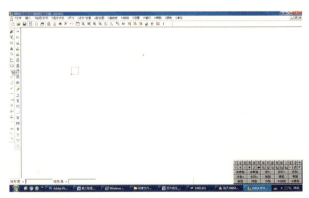

图2-10 矩形框工具使用界面

臀围线：从上平线向下取立裆高长。

【平行线】工具：参考线—上平线，参考距离—立裆高，空格或双击确认，如图2-11所示。

图2-11 平行线工具使用界面

说明：Ⅰ．输入参考距离时要注意参考线上的箭头方向，如果箭头方向与所选直线方向相反，则距离值就输入负值，否则为正值。
　　　Ⅱ．参考距离输入完成后，需按两次空格键确认。
　　　Ⅲ．侧缝线：按半臀围宽的中点向后片移动1cm作垂线定出。

【等分线】工具：选择等分线—臀围线，等分数—2，空格或双击确认，如图2-12、图2-13所示。

请选择要等分的线或等分点1

图2-12 【等分线】1

等分数=2

图2-13 【等分线】2

【线上取点1】工具：参考线—臀围线，参考点—等分点，长度—1cm，空格或双击确认，如图2-14～图2-17所示。

请选择参考线

图2-14 【线上取点1】1

图 2-15 【线上取点 1】2

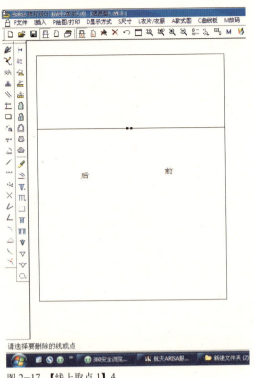

图 2-17 【线上取点 1】4

说明：Ⅰ．线上取点 1 在选择完参考线后，一定要注意箭头的方向，如果所选的点相对参考点向箭头方向取点，则为正，否则为负。
　　　Ⅱ．参考点必须在参考线上。

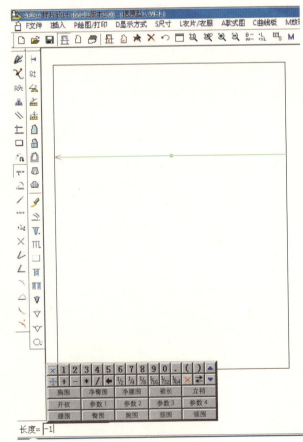

图 2-16 【线上取点 1】3

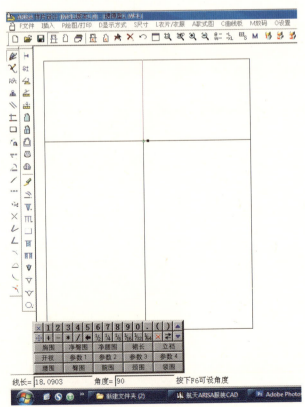

图 2-18 【射线】

【射线】工具：从所取的 1cm 点分别向上、向下作垂线交到上平线和下平线上，如图 2-18 所示。

说明：使用【射线】工具时，要注意必须与上平线、下平线相交时才能单击，不能超过出头，也不能不到位。

腰围尺寸：腰围按净腰围定出，但需在前后片分别加入 0.5 的吃势。前片腰围尺寸 $W/4+0.5+1$，后片腰围尺寸 $W/4+0.5-1$。

前片腰围尺寸：

【线上取点 1】工具：参考线—上平线，参考点—前中心线与上平线交点，长度—净腰围 $/4+0.5+1$。

后片腰围尺寸：

【线上取点 1】工具：参考线—上平线，参考点—后中心线与上平线交点，长度—净腰围 $/4+0.5-1$。

曲线与侧缝曲线：将腰围肥点与侧缝中点三等分，【射线】工具，在第一分点向上 0.7cm，分别作出侧缝曲线与腰围曲线。

【等分线】工具：选择等分点 1—腰围肥点，等分点 2—侧缝中点，等分数—3。

【任意点偏移量】工具：参考点—第一等分点，X 方向偏移量—0cm，Y 方向偏移量—0.7cm，如图 2-19、图 2-20 所示。

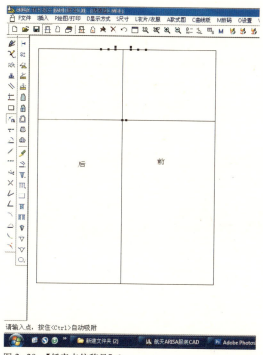

图 2-20 【任意点偏移量】2

后腰下落 1cm：

【线上取点 1】：参考线—后中心线，参考点—后中心线与上平线的交点，距离—1cm。

【自由曲线】工具：前片从 0.7cm 点连腰围曲线至前中心点，再连接侧缝曲线。

【自由曲线】工具：后片腰围曲线从 0.7cm 点连到 1cm 点，再连接侧缝曲线，如图 2-21 所示。

说明：在使用自由曲线时，为了避免粘连，按住 Ctrl 键的同时使用自由曲线工具。

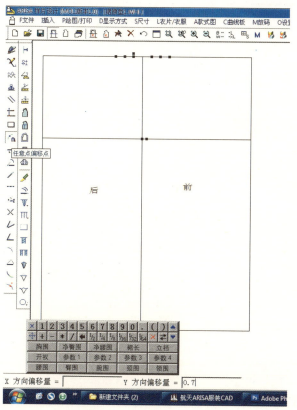

图 2-19 【任意点偏移量】1

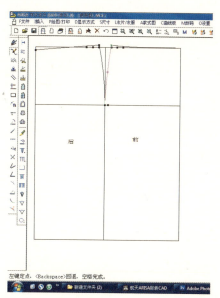

图 2-21 【自由曲线】

省道：前片有两个省，大小为三等分的其余的两份，一个省的位置在 1/2 处，向前中线方向取一个省份，长度为 9cm，另一个省的中点，是在其余的 1/2 处，长度为 8cm。

【等分线】工具：参考线—腰围曲线，等分数—2，确定点 C。

【线上取点 4】：参考线—腰围曲线，参考点—中点 C，参考距离—三等分的一份 AB，增量—0，方向—1，比例—1。空格键确认（注意此时不能双击确认），确定 C_1 点。如图 2-22～图 2-25 所示。

说明：线上取点 4 的使用方法。选择参考线：指的是你想在哪条线上取点；选择参考点：指的是要取的点与该点的位置关系，该点不一定在所选的参考线上；请选择参考曲线或距离参考点或距离（点空）：是三个命令，第一，"参考曲线"是指以固定的曲线长作为距离参考。第二，"距离参考点"是指以固定的两个点的直线距离作为距离参考。第三，"距离（点空）"是指没有固定的参考距离，可以自由地输入公式或常量值。

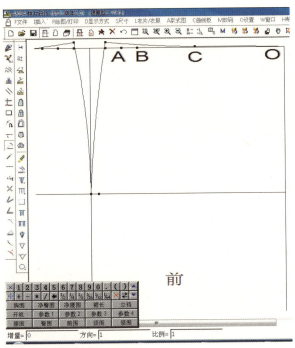

图 2-24 【线上取点 4】3

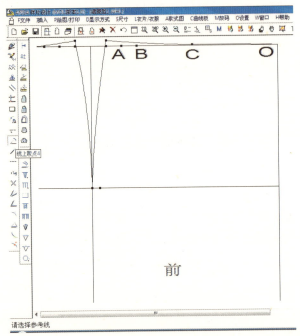

图 2-22 【线上取点 4】1

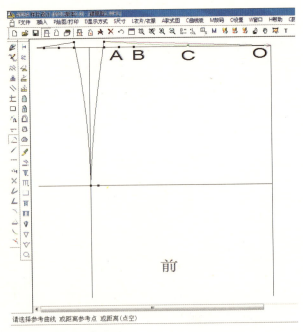

图 2-23 【线上取点 4】2

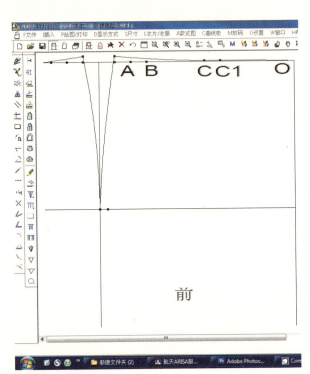

图 2-25 【线上取点 4】4

省中心点：

【等分线】工具：参考点—省的两个端点 C、C_1，等分数—2，在第二个参数值上输入"Y"，表示在曲线上取点，如图 2-26 所示。

省长：

【射线】工具：省中心点向下作垂线，按 F4 键，将鼠标移到下边参数处，长度—7cm，角度—270°，空格或双击确认，如图 2-27 所示。

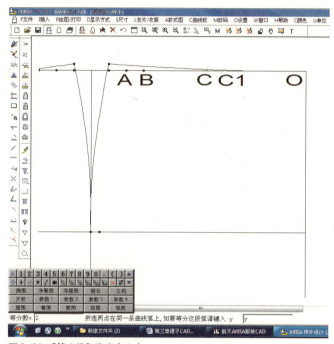

图 2-26 【等分线】取省中心点

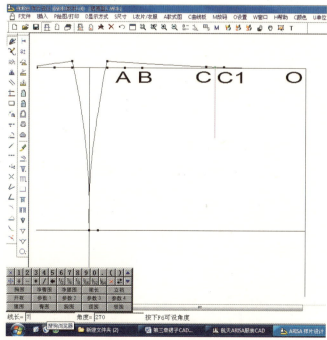

图 2-27 【射线】省中心线

省的两边：

【射线】工具：连接省尖与省的两个端点，如图 2-28 所示。制作第二个省中心点：

【等分线】工具：参考点—前省端点和侧缝顶点，等分数—2，参数输入"Y"，表示在曲线上取点，如图 2-29 所示。

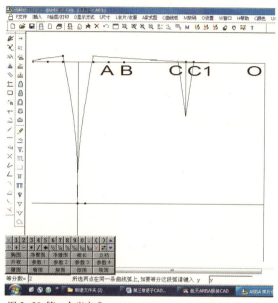

图 2-28 第一个省完成

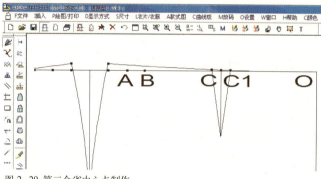

图 2-29 第二个省中心点制作

第二个省的宽度：

【线上取点 4】：参考线—腰围曲线，参考距离—三等分中的一份，增量—0cm，方向—2，比例—0.5。

第二个省的长度：

【射线】工具：从该省中心点向下作垂线，长度—8cm。

第二个省的省边：

【射线】工具：分别将两省的省边连接起来，如图 2-30 所示。

后片省的制作方式同前片。

后片开衩：距裙底边为开衩的值，宽度为 4cm。

【线上取点 1】工具：参考线—后中缝线，参考点—底边线与后中心线的交点，长度—开衩。

【任意点】工具：请输入点—参数 1 的点，X 方向偏移量——4cm，Y 方向偏移量—0cm。

【射线】工具：将后开衩的 4cm 长方形画出来。

腰：宽 =3cm，长 = 实际腰围长，搭门 =3cm。

【矩形】工具：矩形宽—腰围 /2+3，矩形高—3cm。

将前片的前中心线及腰的中线换成折叠线。

菜单项【设置】→【线型】→【选择折叠线】：如图 2-31 所示。

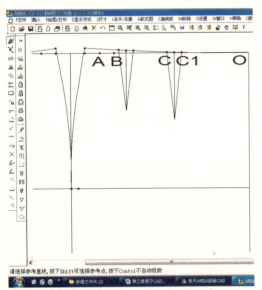

图 2-30 前片省道完成

推版及号型的增减：

推版：使用【显示全部码号】工具，就可以推版，如图 2-32 所示。

说明：该软件在制图过程中，要经常地使用这个【显示全部码号】工具，以便检查制图过程中是否有错误出现，有错误的结构图是不能正常推出版的，这样可帮助及时查找错误，以便调整。该工具的另一作用，可及时找出在使用【线上取点 4】工具时出现的多余对称点，以便及时清除该多余点，这一点在后面我们还会介绍。

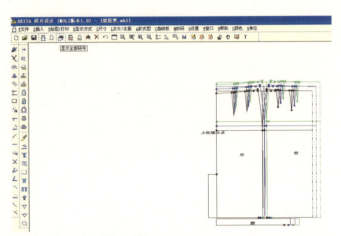

图 2-32 【显示全部码号】推版

增加码号：在服装的制版过程中，经常会有码号设置不够的现象出现，如我们在裙原型版的制作过程中，只设定了三个码号，当制图生成后，想增加一个 170/76A 的型号，则操作方法如下：

(1) 选择 【修改尺寸表】工具→单击尺寸表中的最后一个码号（这样能在末尾增加码号）→单击【增加码号】输入"170/76A"→回车，如图 2-33 所示。

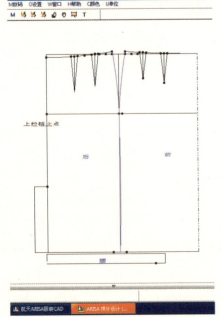

图 2-31 完成结构图

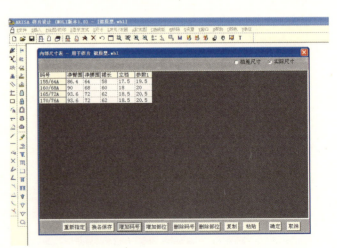

图 2-33 增加一个码号

(2) 尺寸表换成【档差尺寸】→单击 165/72A →【复制】→单击 170/76A →【粘贴】。

(3) 尺寸表换成【实际尺寸】，如图 2-34 所示，单击【确定】即可。

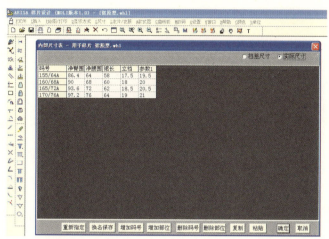

图 2-34 将尺寸表换成【实际尺寸】

码号增加完成后，直接用"推版"工具，就可将新增加的号型结构图制出，如图 2-35 所示。

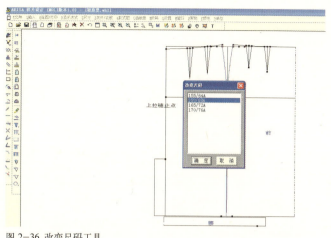

图 2-36 改变尺码工具

可选择其中的任何一个码号，即可调出相应号码的原型裙。

5）衣片生成的步骤

结构图制作完成后，要进行裁片，在 CAD 软件中是利用生成衣片这个工具来完成的。

工业制版，需要将所有的折叠线展开，如图 2-37 所示。

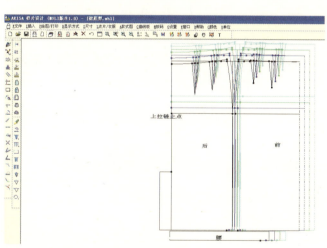

图 2-35 用"推版"工具制出号型结构图

说明：Ⅰ. 在增加码号时要注意你所增加的码号位置，如果不单击当前已有的任何一个码号，则新增加的码号，就添加在第一个码号的位置上。

Ⅱ. 也可以不按照固定的档差尺寸来增加码号，如增加一个 160/80B 的码号，则可直接输入尺寸值，在推版时也可直接推出该码号的结构图。

Ⅲ. 为改变尺码工具，单击后如图 2-36 所示。

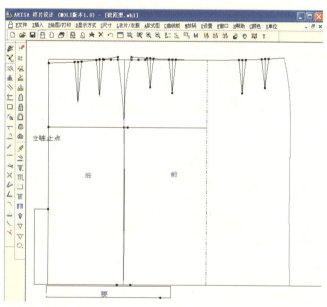

图 2-37 展开折叠线

【生成衣片】：按逆时针方向，选择一个封闭的衣片外框，如图 2-38 所示，【空格】确认后即生成衣片，如图 2-39 所示。

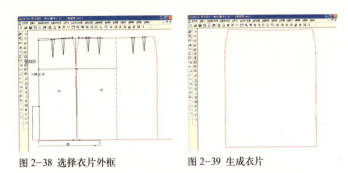

图 2-38 选择衣片外框　　图 2-39 生成衣片

【增减衣片内线】：选择结构图内部及边缘的点和线，以便工艺制作时起到对位刀口等作用，如图 2-40 所示，【空格】确认后如图 2-41 所示。

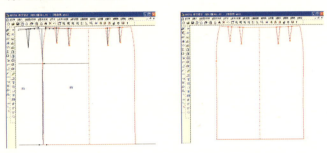

图 2-40 选择结构图内部及边缘的点和线　　图 2-41 选择结构图内部及边缘的点和线，【空格】确认后的图示

说明：这个工具既可增加内线，也可减掉内线，即再单击一次被选择的线后，该线就能由红变黑，【空格】确认即可。

同理，将裙子各片全部生成，如图 2-42 所示。

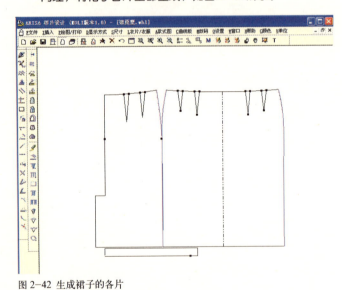

图 2-42 生成裙子的各片

6）加对位刀口

【选择衣片】工具→单击右键→拖动平移→即将各衣片拉开一个距离，只有被移动过的衣片才能加上对位刀口，如图 2-43、图 2-44 所示。

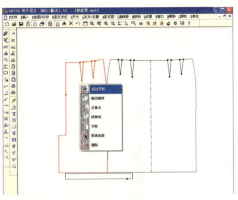

图 2-43

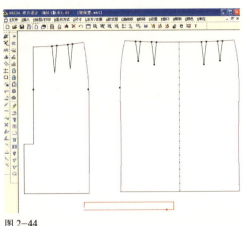

图 2-44

【点型设置】如图 2-45 所示，单击【点型设置】后，在屏幕的任何位置单击右键，就会出现如图 2-46 所示的选择框，选择 I、T、V、U 其中的一个，单击衣片边缘的对位点，就可在相应位置设置刀口形状，如图 2-47 所示。

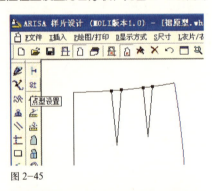

图 2-45

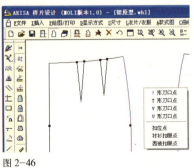

图 2-46

二、工作室教学第一单元—— 裙子CAD制版

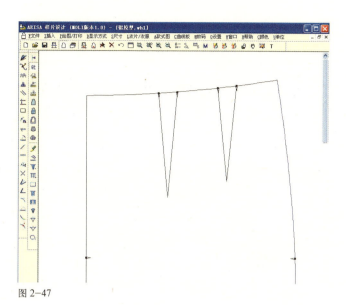

图 2-47

说明：I、T、V、U 均为刀口的形状，是衣片边缘工艺制作时的对位点，而扣位点是指衣片内部的对位及扣位点标志。

7）加缝边

对位刀口完成后，需要对衣片加缝边，缝边的大小要根据工艺制作的要求设定。

【加缝边】：如图 2-48 所示，各种缝边名称。

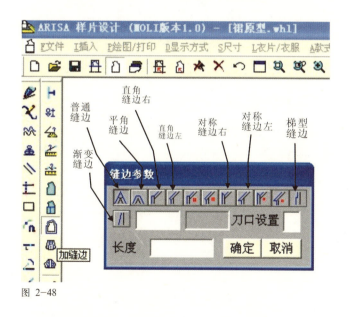

图 2-48

缝边的用法：

普通缝边：适合任何位置。

平角缝边：适合去掉缝边的尖角。

直角缝边：即为切角，如：前、后片袖窿等。

对称缝边：适合底边白边，如：裤脚、斜裙等底边。

梯形缝边：适合直角变换，如：西服底折边。

渐变缝边：适合宽度有变化的缝边，如：西裤后裆、袖山弧等。

单击衣片，此时需加缝边时用到的点都会自动显示在衣片上，点击衣片上的某一点，选择一种缝边，输入缝边的宽度，最后用【空格】确认，如图 2-49～图 2-52 所示。

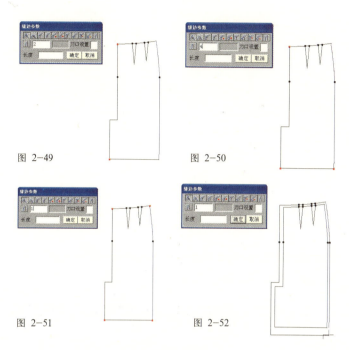

图 2-49　　　　　　　图 2-50

图 2-51　　　　　　　图 2-52

最终加完缝边的衣片如图 2-53 所示。

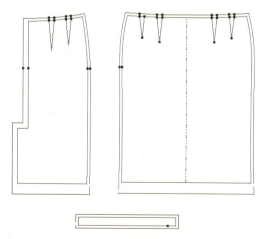

图 2-53　加完缝边的衣片

说明：I.缝边的加法一定要逆时针选点，所选择的缝边方式是指当前选中的点所用的缝边种类，所输入的缝边数据，指其逆时针方向的线所加的缝边宽度。

II.如果相邻的点所用的缝边种类及宽度都是一样的，则可越过这些点的选择，直接选下一个缝边种类或宽度有变化的点，而这些没有选择的点将自动按其上个点的缝边种类及宽度生成缝边。

8）衣服表的生成

工业生产中,当版制成后,需要在版上加衣片的名称、片数、纱向等说明,这一步在CAD中,是通过生成衣服表完成的。

【衣片／衣服】→【显示衣片列表】如图2-54所示:

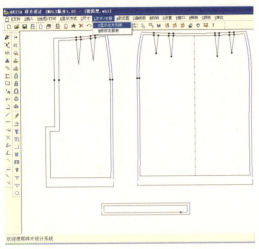

图 2-54

弹出如图2-55对话框,选择【全部选中】将各衣片的名称输入并说明片数。

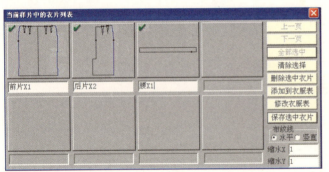

图 2-55

单击【全部选中】弹出如图2-56所示的对话框。

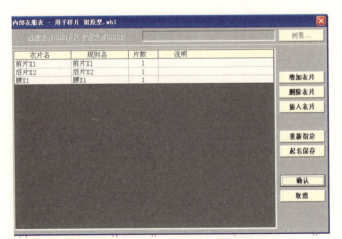

图 2-56

按照衣片名称后的片数,修改实际片数,如图2-57所示,单击【确认】。

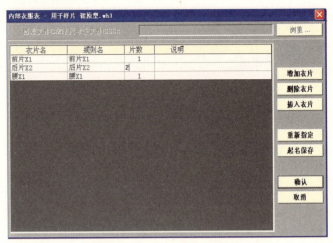

图 2-57

返回衣片列表对话框,按衣片的实际方向选择布纹线(即径纱向),选择水平或竖直。

单击【保存选中衣片】,如图2-58所示。

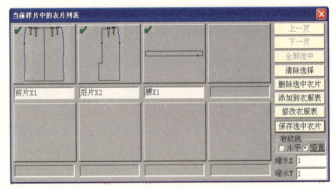

图 2-58

出现如图2-59所示的对话框,选择所要生成衣片列表的号型,单击【确认】即完成了衣服表的生成过程。

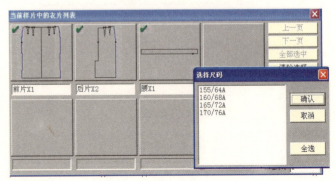

图 2-59

二、工作室教学第一单元——裙子CAD制版 15

9) 排料

排料也称排版、套料，是指一个产品排料图的设计过程，是在满足设计、制作等要求的前提下，将服装各规格的所有衣片样版在指定的面料幅宽内进行科学的排列，以最小面积或最短长度排出用料定额。目的是使面料的利用率达到最高，以降低产品成本，同时给铺料、裁剪等工序提供可行的依据。

因为工业排料是针对大批量服装的生产，排料时既要针对成衣外观特点、保证裁片的规格质量，又要节约原料，所以，是成衣生产中一个重要的工序，技术含量高。排料工艺设计者必须以一定的理论根据为指导，结合实践经验技术，合理排料。

（1）排料遵循的原则：

齐边平靠，斜边颠倒；

弯弧交叉，凹凸互套；

大片定看，小片填全；

经短求省，纬满在巧，直靠直弯靠弯，直的放弯边，弯的放中间。

（2）拉布的概念

拉布就是铺料，根据裁剪分配方案所规定的拉布层楼和拉布长度，将面料一层层铺放在裁床上。拉布要求两端布头垂直，布边与布边对齐，面料要铺平。

（3）拉布的方法

单程同向铺料：布面对布底（毛羽方向一致）。如丝绒面料。

单程双面铺料：布面对布面（毛羽方向一致）。

双程双面铺料：布面对布面（毛羽方向不一致）。

双程同向铺料：布面对布底（毛羽方向不一致）。

拉布时可用手工、半机械或全自动铺布机。

在CAD中是根据"排料"的功能模块完成的，如图2-60所示。

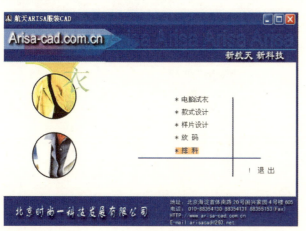

图2-60

在排料功能模块中，只有两项 是可用的选择，点击 ，打开如图所示的对话框，找到裙原型结构图存储的目录下，会看到一个与裙原型结构图名称相同，扩展名为.CLO的文件，如图2-61所示。这个文件即为我们刚才建立的衣片列表文件。选择这个文件，并打开。

弹出如图2-62所示的对话框，可以单独选中一个或几个号型，也可单击【全选】将所有号型选中，其中的件数，是指选中的号型需要在排料中排出几件来。当号型选择完成后，一定要单击【选择】后，再单击【确认】。

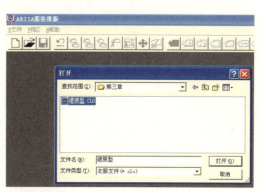

图2-61

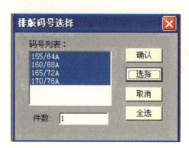

图2-62

这时排料中的所有按钮与菜单均处于激活状态，在待排区域内有四种型号的衣片，每片衣片下均有三个数据，分别用红、蓝、白三种颜色的字表示，其中红字表示该衣片的待排数量，蓝字与白字都表示已排料数量，蓝字表示正排衣片的数量，白字表示经旋转后已排放衣片的数量。如图2-63所示，选择【P 绘图设置】菜单项。

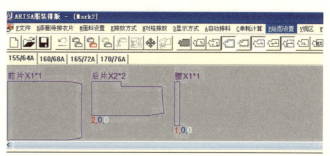

图2-63

弹出如图2-64所示的对话框，在这里的其他项目均无须改动，只是在"面料宽度设置"中，将"面料宽度"设成实际面料的宽度，单击【保存】。

在排料页面下选择【M面料设置】菜单项，弹出"面料参数设置"对话框，如图2-65所示。在"宽度输入"中的"面料宽（缩水后）"输入实际面料宽即可（注意：此宽度不能超过"绘图设置"中的"面料宽度"值），单击【确认】。

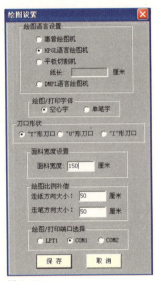

图2-64

图2-65

（4）排料过程

①排料：在衣片上单击左键，即可以把衣片选到排料区，进行排料，如图2-66所示。为了使排料紧密，可以拖动鼠标左键，使衣片自动紧靠箭头所示的位置排列，如图2-67所示，如果想将排料区的衣片移出排料区，可在衣片上单击右键，则该衣片就自动返回到衣片待排区。

②对试衣片方向的调整：对于刚从待排区选中到排料区的衣片或单击排料区的衣片使其变成活动状态，我们可以用屏幕下方的提示对其进行调整。

空格：上下翻；V：左右翻；Z：逆旋1°；X：顺旋1°；C：转90°；B：转45°；N：转180°；A：放大；Enter：结束。

或在衣片处于活动状态时，单击衣片会出现如图2-68所示的对话框，单击对话框中的按钮，可以对衣片进行上下、左右翻转，还可以对衣片进行顺时针和逆时针的微调。

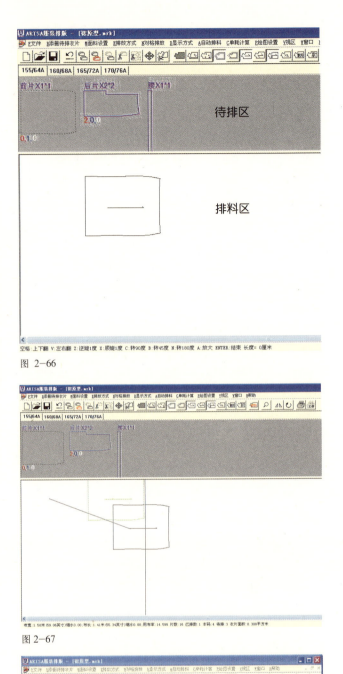

图2-66

图2-67

图2-68

③排料图的输出：

如图2-69所示，为原型裙四个号码的排料图，屏幕下方提示出来用布的情况，此时可以选择【文件】→直接打印输出，即可输出1:1的排料图（图2-70）。

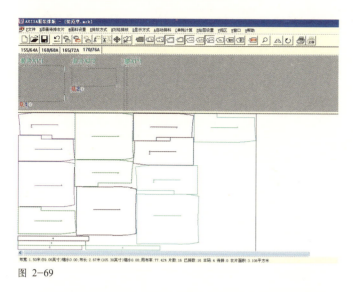

图 2-69

为了在输出的排料图中输出更多的信息，可以将屏幕上端的图标选中。

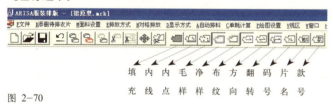

图 2-70

如图2-71所示，则在输出的图纸上与屏幕上显示的完全一样。

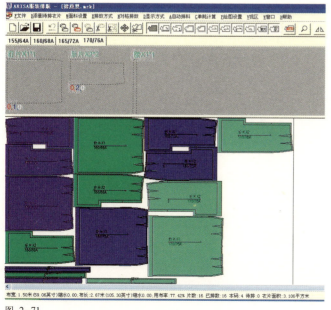

图 2-71

（二）裙子款式的变化与制版

1. 侧腰松紧型筒裙

1）款式说明

这是侧腰装入松紧带的筒型裙。前后腰分别作单省，并在两侧中装入松紧用以调节腰部合体度，后中心作对褶裥来替代开衩。

2）技术工艺标准和要求

以中间体号型160/84A为标准，制作标准版，选择适合的材质制作出成品，并满足成品工艺标准。

3）实训场所、工具、设备

服装CAD工作室、服装工艺工作室，剪刀等缝制设备；
面料：毛料、毛涤、棉、麻及化纤等。

4）详细制版步骤

侧腰松紧型筒裙的款式图如图2-72所示，结构图如图2-73所示。

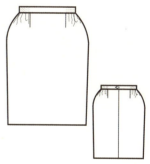

图 2-72 侧腰松紧型筒裙款式图

以裙原型的基础版为基础。

说明：此时不需再建尺寸表，沿用裙原型的尺寸表即可。

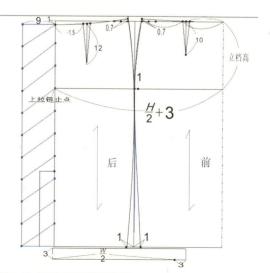

图 2-73 侧腰松紧型筒裙结构图

打开裙原型版：

将原型版裙中靠近侧缝的省删除，前后片都只留下靠近中缝的省。

【结构图点线】工具：鼠标框选靠近侧缝的省→变红→【删除】选重的结构图点线或衣片工具，如图2-74所示。

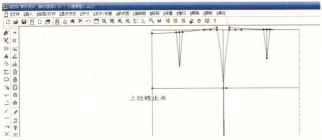

图2-74 删除一个省后的裙原型

修改臀围肥和省长：

将【M-表】打开

单击上平线→点击公式→将公式中的 P28/2+2 改为 P28+3→空格键确定。

将前省省长由 9cm 改为 10cm。

将【M-表】打开

单击省中线→将公式中的 9 改为 10→空格键确认。

单击后片省中线→将公式中的 11 改为 12→空格键确认，如图2-75所示。

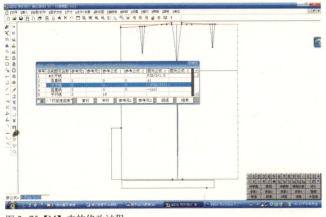

图2-75 【M】表的修改过程

后片中缝加 9cm 的折叠量。

【任意点】工具→参考点后片中缝上顶点→X方向偏移量=-9cm，Y方向偏移量不变→空格或双击确定。

【任意点】工具→参考点后片中缝下顶点→X方向偏移量=-9cm，Y方向偏移量不变→空格或双击确定。

【射线】工具→连接四个点形成折叠量，如图2-76所示。

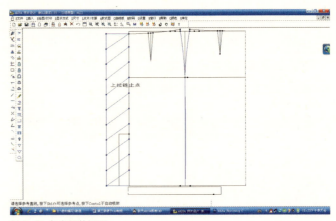

图2-76 加完褶的裙型

2. A姿裙

1）款式说明

A姿裙是指把裙子下摆稍作展开，使裙摆类似英文字母A的造型的裙子。这种裙子机能性良好，具有运动感，更富于变化，裙子的长度可随着流行、季节或个人爱好随意调整，是适合各种年龄、层次的女性的造型。而超短型的设计，不仅是年轻女性的至爱，也被引用到运动女裙的设计中。款式上可做成两片或三片结构，拉链可装在后中缝或侧缝中。

2）技术工艺标准和要求

以中间体号型 160/84A 为标准，制作标准版，选择适合的材质制作出成品，并满足成品工艺标准。

3）实训场所、工具、设备

服装CAD工作室、服装工艺工作室，剪刀等缝制设备；

面料：毛料、毛涤、棉、毛呢、麻及化纤等。

4）详细制版步骤

A姿裙的款式图如图2-77所示，结构图如图2-78所示。以裙原型版为基础版。

说明：此时不需再建尺寸表，沿用裙原型的尺寸表即可。将裙原型中的后开衩删除。

【选择结构图点线】工具：框选后开衩-变红，如图2-79所示。

【删除结构图点线】工具：删除选重的红线，如图2-80所示。

二、工作室教学第一单元——裙子CAD制版

图 2-77 A姿裙款式图

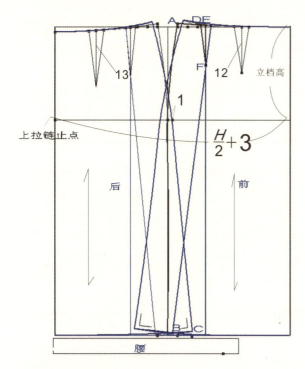

图 2-78 A姿裙结构图1

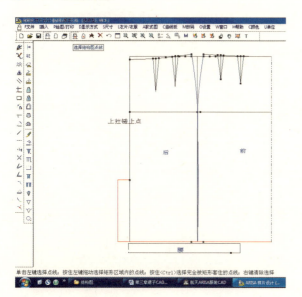

图 2-79 【选择结构图点线】工具

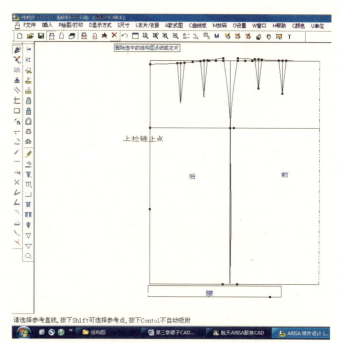

图 2-80 【删除结构图点线】工具

将靠近侧缝的省合并一半，自然形成裙摆。

前片：

【线裁整】工具：选择要裁整的线—选择省中线EF，选择切割线或切割点—单击下平线→空格键确认。此时，将省中线延长至底边线交于C点，如图2-81所示。

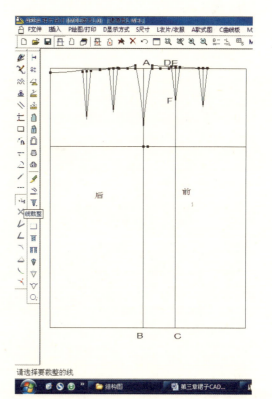

图 2-81 【线裁整】工具

【分割结构线】工具：选择要分割的线—下平线，选择分割点—单击省中线与下平线的交点C。将下平线从C点断开，成两条线，如图2-82所示。

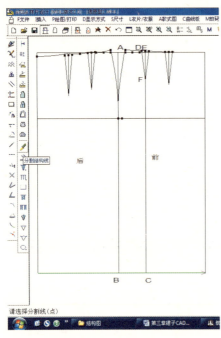

图2-82 【分割结构线】工具

同理用【分割结构线】工具，将B、D两点断开。

合并省道：

【选择结构图点线】工具：将ABCFD选线，【Ctrl】+右键→线靠线→移动起始线对齐点—D→移动起始线对齐点第二点—F→移动目标线对齐点—E→移动目标线第二点—F。

则图形ABCFD自动移动使该省合并一半，下半部分自然展开，如图2-83、图2-84所示。

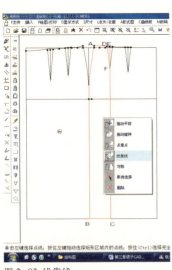

图2-83 线靠线

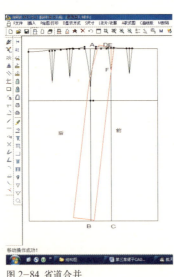

图2-84 省道合并

说明：【选择结构图点线】工具：当选择一些线或衣片后，单击右键会出现一个菜单，如图2-83所示。

Ⅰ.如果是在按住【Ctrl】键的同时，单击右键弹出的菜单，则菜单中的前五项是复制性地实现其功能，否则是不复制性地实现功能。

Ⅱ.线靠线：是指被选中的图形以线和线相重合地移动位置，移动线的第一对齐点与目标线的第一对齐点重合，移动线的第二点与目标线的第二点重合。

将剩余的半个省份移到另一个省中：

打开【M】表，选择靠近前中心线的端点—将【M】表中的参考公式2中的数据1改为1.5，空格键确认。（原来的1即代表一倍，即为等距离，1.5代表一倍半，即为原距离的一倍半）

修改省长

打开【M】表，选择前片的省中心线—将长度改为12cm，选择后片的省中心线—将长度改为13cm。

重新将腰围曲线和底边曲线连圆顺。

自由曲线，连接腰围曲线和底边曲线。

说明：Ⅰ.连接时注意曲线圆顺，不能出现棱角。

Ⅱ.连接时要注意挂住关键点，如省端点等。

Ⅲ.使用自由曲线时，如果曲线需要经过某一线段时，按住【Ctrl】键，可以避免吸服。

Ⅳ.连接底边线时，注意直角关系。

后片省道合并同前片，如图2-85所示。

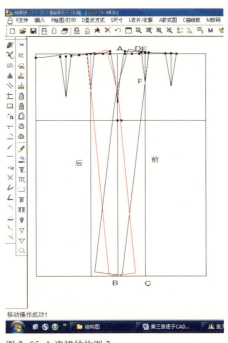

图2-85 A姿裙结构图2

3. 喇叭裙的制版步骤

1) 款式说明

小喇叭裙：这是最基本的喇叭裙。三至四片结构，底摆一般在腰围尺寸的2.5～3倍，如果把前后裙片结构拼合在一起，裙摆所构成的角度大致在60°左右，是底摆较小的喇叭裙。

中喇叭裙：这是采用两片结构的喇叭裙，裙摆大小是按前后裙片构成90°角制作的。这是裙摆适中的喇叭裙，多用于日常穿着。

大喇叭裙：这也是两片结构的喇叭裙，裙摆是按前后裙片构成180°角进行制作的。作为日常生活类服装，这是下摆最大的裙子了。但作为舞台演出类的服装，这个摆还是远远不够的，因此裙摆还要加大一倍进行制作。

2) 技术工艺标准和要求

以中间体号型160/84A为标准，制作标准版，选择适合的材质制作出成品，并满足成品工艺标准。

3) 实训场所、工具、设备

服装CAD工作室、服装工艺工作室，剪刀等缝制设备；

面料：中、小喇叭裙可选用一些有一定质感和垂感的中等摆度的棉、毛、化纤及混纺面料，也可用一些带有格子的面料等。大喇叭裙应选用偏薄和柔一些的面料，如丝绸、化纤等。

4) 制作前的准备工作

材料的采购及准备。

5) 详细制作步骤

喇叭裙的款式图，如图2-86～图2-88所示。

图2-86 小喇叭裙

图2-87 中喇叭裙

图2-88 大喇叭裙

(1) 小喇叭裙的制图步骤

以裙原型为基础版，将两个省道完全合并，即将小喇叭裙的制图完成。

【线裁整】工具：选择要裁整的线—选择省中线EF，选择切割线或切割点—单击下平线→空格键确认。此时，将省中线延长至底边线交于C点。其余三个省的中线，也用此工具，将中线连至底边，如图2-89所示。

合并省道DE：

【分割结构线】工具：选择要分割的线—下平线，选择分割点—单击省中线与下平线的交点C。将下平线从C点断开，成两条线。同理将腰围曲线从D点断开。

【选择结构图点线】工具：将ABCFD选线，Ctrl+右键→线靠线→移动起始线对齐点—D→移动起始线对齐点第二点—F→移动目标线对齐点—E→移动目标线第二点—F。

重复步骤2，将其余三个省也合并。则图形下摆自动展开，如图2-90所示。

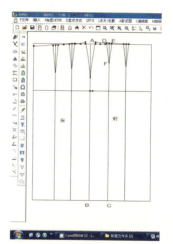

图2-89 省中线连至底边

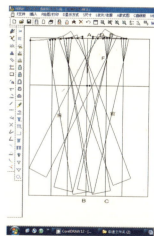

图2-90 省道合并后

将图2-90的结构图前、后片分开后，大家可以明显地看出其结构图，如图2-91所示。

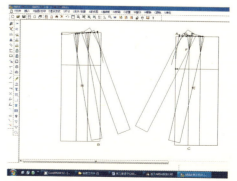

图2-91 前后片分开后结构图

将腰围曲线与底边曲线，重新用自由曲线连圆顺，将多余的线删除，如图 2-92 所示。

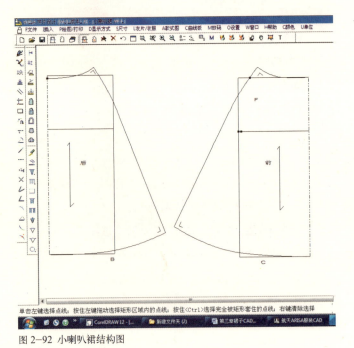

图 2-92 小喇叭裙结构图

说明：连曲线时注意直角关系。

(2) 中喇叭裙的制图步骤

中喇叭裙即是裙摆为 180°的半圆裙。

建立尺寸表：如表 2-2 所示。

中喇叭裙尺寸表　　　　表 2-2

码号	裙长（cm）	净腰围（cm）
155/64A	58	64
160/68A	60	68
165/72A	62	72

【矩形】工具：矩形宽－裙长＋腰围/2，矩形高—裙长＋腰围/2。

计算腰围半径：圆的周长为 $2\pi R$，因为是 180°的平角裙，因此腰围恰好为半圆，所以有 $2\pi R/2=$ 腰围，由此推算出 $R=$ 腰围 $/\pi$，通常以（腰围＋4）/3.14 为半径求腰围，这样多出的 4cm 将从侧缝中劈去，这样做成的腰围更符合人体。

【窗口】→显示工具条作圆工具→圆心半径作整圆→请选择圆心—O，请输入半径—（净腰围＋4）/3.14，空格或双击确认，如图 2-93～图 2-95 所示。

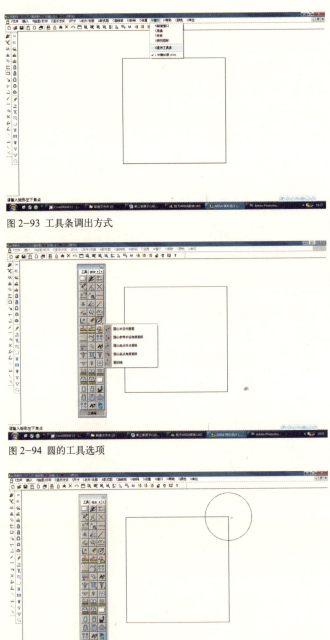

图 2-93 工具条调出方式

图 2-94 圆的工具选项

图 2-95 腰围圆弧

将圆的上半部分删除，用求交工具求出下半圆与正方形的交点。

【选择结构图点线】工具：选择上半圆，【删除选中的结构图点线或衣片】。

【两线求交】工具：请选择第一条参考线—下半圆，请选择第二条参考线—后中心线，求出 A 点。

【两线求交】工具：请选择第一条参考线—下半圆，请选择第二条参考线—前中心线，求出 B 点，如图 2-96 所示。

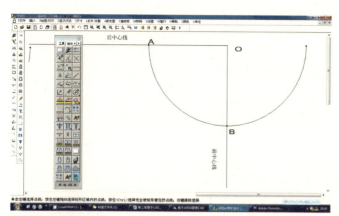

图 2-96 求出腰部交点

求出腰围实际宽及侧缝线：

【线上取点 1】工具：参考线—AB 弧线，参考点—A，距离—净腰围 /4，求出 C 点。

【线上取点 1】工具：参考线—AB 弧线，参考点—B，距离—净腰围 /4，求出 D 点。

【射线】工具：连接正方形对角线，即为侧缝线。

【两线求交】工具：请选择第一条参考线—下半圆，请选择第二条参考线—侧缝线，求出 E 点，如图 2-97 所示。

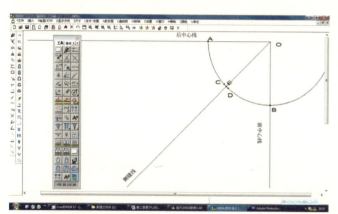

图 2-97 求出实际腰宽

求裙长：【线上取点 1】工具：参考线—后中心线，参考点—A，长度—裙长，求出 F 点。

画底边圆弧：【窗口】→显示工具条作圆工具→圆心起点角度圆弧→请选择圆心—O，请选择圆弧起点—F，角度 =90°（此时恰好为逆时针，因此角度值为正，否则为负），空格或双击确认，如图 2-98 所示。

求出底边圆弧与侧缝的交点 O_1。

【两线求交】工具：请选择第一条参考线—底边圆弧，请选择第二条参考线—侧缝线，求出 O_1 点。

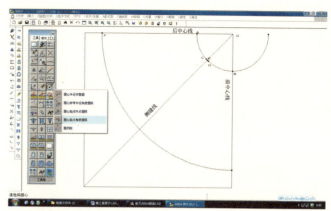

图 2-98 圆形起点角度圆弧

在侧缝线上取 18cm 的拉链止点：

【线上取点 1】工具：参考线—侧缝线，参考点—E，距离—18cm，求出 O_2 点。

后腰下落 1cm：

【线上取点 1】工具：参考线—后中心线，参考点—F，距离—1cm，求出 F_1 点。

自由曲线将腰围和侧缝线连圆顺。

【自由曲线】工具：从 F_1 点连至 C 点，从 B 点连至 D 点。从 C 点过 O_2 点连至 O_1 点，从 D 点过 O_2 点连至 O_1 点。如图 2-99 所示。

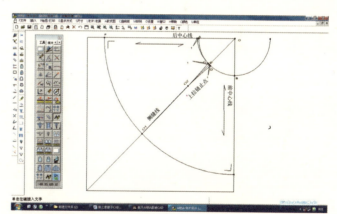

图 2-99 中喇叭裙结构图

（3）大喇叭裙的制图步骤

大喇叭裙即是裙摆为 360°的整圆裙，结构图如图 2-100 所示。

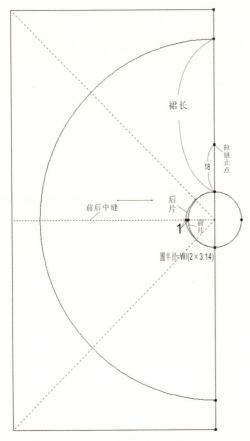

图 2-100 大喇叭裙结构图

建立尺寸表：如表 2-3 所示。

中喇叭裙尺寸表　　　　　　表 2-3

码号	裙长（cm）	净腰围（cm）	净臀围（cm）
155/64A	58	66	88.2
160/66A	60	68	90
165/68A	62	70	91.8

计算腰围半径：圆的周长为 $2\pi R$，因为是 360°的平角裙，因此腰围恰好为整圆，所以有 $2\pi R=W$（腰围），由此推算出 $R=W/2\pi$，通常以 W/6 为半径求腰围，这样多出的量将从侧缝中劈去，这样做成的腰围更符合人体。

腰围圆：【窗口】→显示工具条作圆工具→圆心半径作整圆→请选择圆心，圆心—O，请输入半径—W/（3.14×2），空格或双击确认，如图 2-101 所示。

求裙长圆：【射线】—以圆心为主，向外作直线，线长—裙长+半径[W/（3.14×2）]，角度—每条线隔 45°。

裙长圆：【自由曲线】—将射线端点连接起来，如图 2-102 所示。

拉链止点：【线上取点 1】：参考线—裙长线，参考点—裙长线与腰圆曲线交点，长度=18cm，如图 2-103 所示。

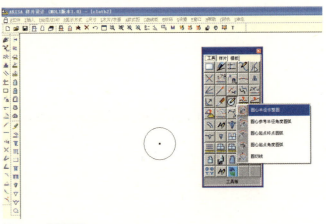

图 2-101 作腰围圆

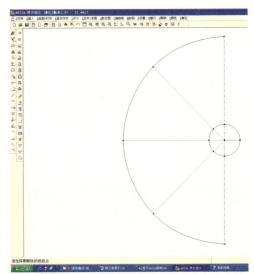

图 2-102 裙长圆

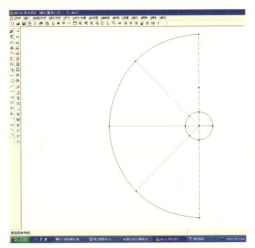

图 2-103 拉链止点

说明：制作斜裙时，都需要根据面料丝织的疏密程度调整摆围的曲度。

4. 多层碎褶塔裙

1）款式说明

这是在裙子上作出多条横向分割线，并在每层与上一层的接缝中加入褶量进行抽褶的裙子。由于采用了越向下越宽的造型，这样看起来也很自然，造型像宝塔一样，因此也被称为塔褶裙。

2）技术工艺标准和要求

以中间体号型 160/84A 为标准，制作标准版，选择适合的材质制作出成品，并满足成品工艺标准。

3）实训场所、工具、设备

服装 CAD 工作室、服装工艺工作室，剪刀等缝制设备；
面料：可选用薄型的乔其纱、丝绸、绵绸等。

4）制作前的准备工作

材料的采购及准备。

5）详细制作步骤

多层塔裙的款式图如图 2-104 所示，结构图如图 2-105 所示。

图 2-104 多层塔裙的款式图

建立尺寸表，如表 2-4 所示。

多层塔裙尺寸表　　　　表 2-4

码号	净腰围(cm)	净臀围(cm)	裙长(cm)	参数1	参数2	参数3
155/64A	64	86.4	64.5	16.5	21.5	26.5
160/68A	68	90	66	17	22	27
165/72A	72	93.6	67.5	17.5	22.5	27.5

（1）多层塔裙的第一层制作

【矩形框】工具：矩形宽—W/4，矩形高—参数 1。

【等分线】工具：参考线—矩形框的上边，等分数—3。

【延长线】工具：参考线—矩形框的上边，距离—W/4。

【任意点】工具：取 D1 点，参考点—F 点，X 方向—0，Y 方向——参数 1，空格键或双击右键确认。

【射线】工具：分别连接 A1、D1、F 点形成矩形。

（2）多层塔裙的第二层制作

【等分线】工具：参考点—A1、D1，等分数—3。

【延长线】工具：参考线—C1、D1，距离—W/2。

【线上取点 4】工具：取 F1 点，参考线—延长线，参考点—D1，参考距离—取 B1D1，增量—0，方向—0，比例—1，空格键确认。

【任意点】工具：取 D2 点，参考点—F1 点，X 方向—0，Y 方向——参数 2，空格键或双击右键确认。

【射线】工具：分别连接 A1、A2、D2、F1 点形成矩形。

（3）多层塔裙的第三层制作

同第二层。

后片落腰 1cm。

5. 六片 A 姿裙

1）款式说明

在裙片上开纵向分割线，既可以把臀腰差（腰省）在结构线中劈去，又具有很好的装饰效果，且立体感强。为了加强装饰效果，还可在结构线上缉明线。拉链装在侧缝中，裙长可以根据季节和流行进行调节。

2）技术工艺标准和要求

以中间体号型 160/84A 为标准，制作标准版，选择适合的材质制作出成品，并满足成品工艺标准。

3）实训场所、工具、设备

服装 CAD 工作室、服装工艺工作室，剪刀等缝制设备；
面料：可选用中等厚的棉、毛、呢、化纤、皮革等。

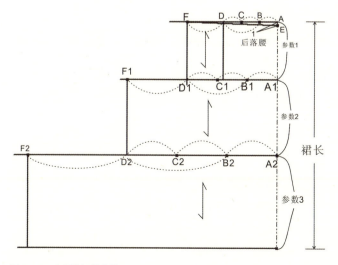

图 2-105 多层塔裙的结构图

4）制作前的准备工作

材料的采购及准备。

5）详细制作步骤

款式图如图2-106所示，结构图如图2-107所示。

图2-106 六片A姿裙款式图

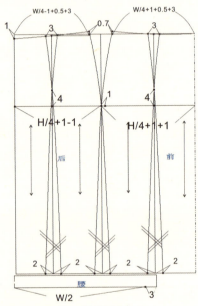

图2-107 六片A姿裙结构图

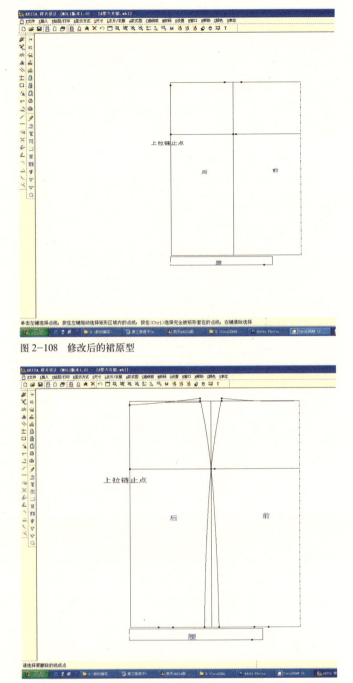

图2-108 修改后的裙原型

图2-109 侧缝线

以裙原型为基础版。

将原省道、侧缝曲线、腰围曲线删除。

臀围松量与原型一致为4cm，腰围松量与原型一致为2cm。

M表中，将前腰围肥改为W/4+0.5+1+3（省量），后腰肥改为W/4+0.5-1+3，如图2-108所示。

【任意点】工具：参考点腰肥点，X=0cm，Y=0.7cm。

【自由曲线】工具：连接腰围曲线。

下摆前后片各向外摆出2cm：

【线上取点1】工具：参考线—底边线，参考点—中线与底边线的交点，长度—2cm。

【自由曲线】工具：连接侧缝曲线，如图2-109所示。

分别取前、后腰围曲线的中点，并向下画垂线，交与底边线上，如图2-110所示。

【等分线】工具：参考曲线-腰围曲线，等分数-2。

【射线】工具：从腰围中点向下垂直交于底边线上。

在腰围曲线上分别做3cm的省宽：

【线上取点1】工具：参考线—腰围曲线，参考点—中点，长度—1.5cm（或-1.5cm）。

在侧缝线上，距臀围线向上取4cm，作为侧缝线相交的参考点：

【线上取点1】工具：参考线—中线，参考点—中线与臀围线的交点，长度—4cm。

【自由曲线】工具：连接分割曲线，如图2-111所示。

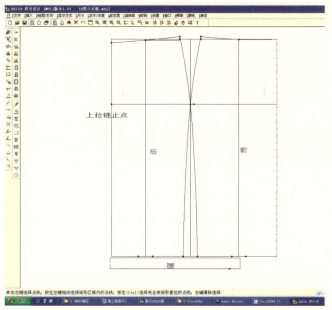

图2-110 分割线参考线

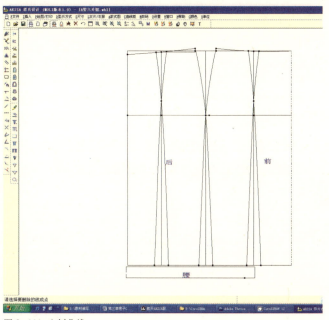

图2-111 分割曲线

6. 八片喇叭裙

1) 款式说明

由于采用了八片破缝结构，因而使这种裙子的造型，从腰部到臀围能完全贴体，而从臀围开始向外展开，使之能像盛开的喇叭花一样。这种裙摆能产生一种自然波浪感，是一种很优美的造型。

2) 技术工艺标准和要求

以中间体号型160/84A为标准，制作标准版，选择适合的材质制作出成品，并满足成品工艺标准。

3) 实训场所、工具、设备

服装CAD工作室、服装工艺工作室，剪刀等缝制设备；面料：可选用具有一定质感的棉、毛、化纤等。

4) 制作前的准备工作

材料的采购及准备。

5) 详细制作步骤

八片喇叭裙款式图如图2-112所示，结构图如图2-113所示。

图2-112 八片喇叭裙款式图

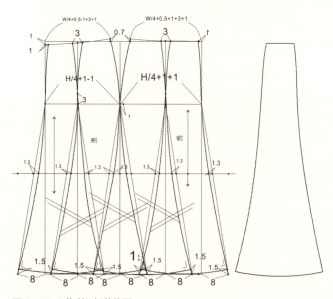

图2-113 八片喇叭裙结构图

采用裙原型版，将省道、腰围曲线删除，【M】表—将前腰围肥改为W/4+0.5+1+3+1，后腰围肥改为W/4+0.5-1+3+1。

将侧缝向上提0.7cm。

【任意点】工具：参考点—腰围肥点，X=0cm，Y=0.7cm。

【自由曲线】工具：连接腰围曲线，如图2-114所示。

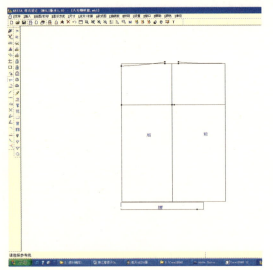

图2-114 腰围曲线

侧摆摆出8cm。

【线上取点1】工具：参考线—底边线，参考点—中点与底边交点，长度—8cm（或 -8cm）。

【射线】工具：连接臀围与中线交点至底边8cm的点。

膝围线，在臀围线向下20cm处，求出膝围线与射线的交点。

【线上取点1】工具：参考线—膝围线，参考点—交点，长度—1.3cm（或 -1.3cm）。

【自由曲线】工具：过1.3cm点，连接侧缝曲线，如图2-115所示。

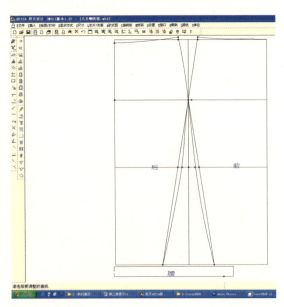

图2-115 侧缝线

分别将前后中缝放出8cm。

【线上取点1】工具：参考线—腰围线，参考点—前中心顶点，长度—1cm（或 -1cm）。

【任意点】工具：参考点—前中心线和底边线交点，X=8cm，Y=0cm。

【延长线】工具：参考线—膝围线，距离—8cm。

【射线】工具：连接臀围与中线交点至底边8cm的点。

【两线求交】工具：参考线1—膝围线，参考线2—射线。

【线上取点1】工具：参考线—膝围线的延长线，参考点—交点，长度—1.3cm（或 -1.3cm）。

【自由曲线】工具：过1.3cm点，连接侧缝曲线，如图2-116所示。

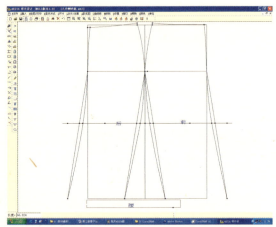

图2-116 前中心线

连底边曲线，底边上翘1.5cm，两侧取直角。

【线上取点1】工具：参考线—侧缝曲线，参考点—8cm点，长度——1.5cm。

【自由曲线】工具：连接底边曲线，如图2-117～图2-119所示。

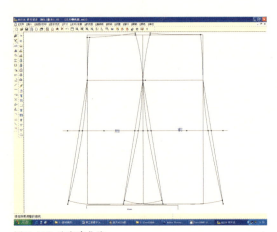

图2-117 连底边曲线

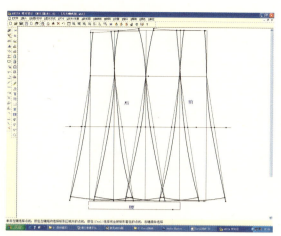

图 2-118 完成结构图

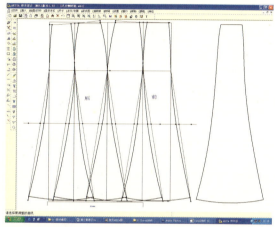

图 2-119 结构图

7. 过腰褶裙

1) 款式说明

这是一款低腰的过腰式对褶裙。A 姿裙造型，利用前后过腰构成腰头的效果，在腹围的位置作横向结构分割线，过腰下前后做成 16 个单向褶，褶的里面臀围线以上要缉暗线固定。开口的拉链装在侧缝中。这种裙子既时尚，又具有很好的机能性，非常适合年轻人穿用。

2) 技术工艺标准和要求

以中间体号型 160/84A 为标准，制作标准版，选择适合的材质制作出成品，并满足成品工艺标准。

3) 实训场所、工具、设备

服装 CAD 工作室、服装工艺工作室、剪刀等缝制设备；面料：可选用中薄毛料、斜纹棉布、条格色织布、化纤等。

4) 制作前的准备工作

材料的采购及准备。

5) 详细制作步骤

过腰褶裙款式图如图 2-120 所示。

图 2-120 过腰褶裙款式图

过腰褶裙结构图如图 2-121 所示。

以裙原型为基础版，首先修改尺寸表中的裙长，分别为 43、45、47cm，如图 2-122 所示。

把裙原型中的原有省道及后开衩删除，将【M】表打开，重新修改腰围尺寸，前后腰围均为 W/4+3。

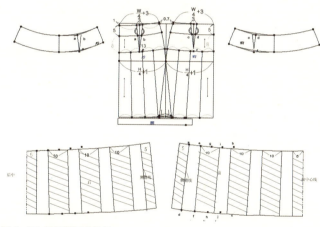

图 2-121 过腰褶裙结构图

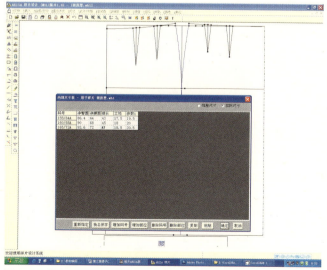

图 2-122 修改尺寸表

修改臀围尺寸，前后臀围尺寸均为 H/4+1。修改方法，打改【M】表，将裙原型中，中点向后片方向的 1cm 改为 0cm 即可，如图 2-123 所示。

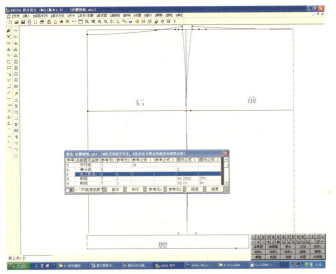

图 2-123 修改【M】表中的侧缝中点

将原型中的腰围曲线和侧缝曲线删除，如图 2-124 所示。

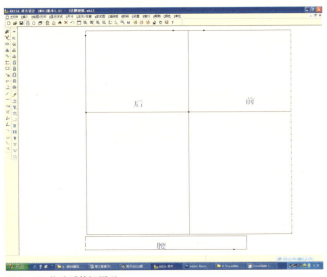

图 2-124 修改后的裙原型

分别在腰围肥点向上 0.7cm。

【任意点】工具：参考点—腰围肥点，X=0cm，Y=0.7cm。

底摆向外放出 3cm。

【线上取点 1】工具：参考线—底边线，参考点—侧缝线与底边的交点，长度—3cm。

【自由曲线】工具：连接侧缝曲线。

在侧缝曲线上向上 1cm。

【线上取点 1】工具：参考线—侧缝线，参考点—侧缝线与底边的交点，长度—1cm。

【自由曲线】工具：连接底边曲线，使其与侧缝曲线成直角，如图 2-125 所示。

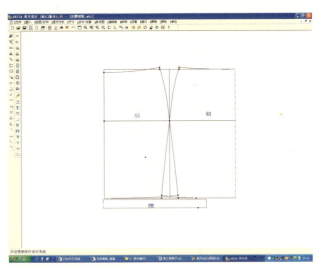

图 2-125 过腰褶裙基本阔型

前片腰围中间做一 3cm 宽、12cm 长的省，后片腰围中间做一 3cm 宽、13cm 长的省。

【等分线】工具：参考曲线—腰围曲线，等分数—2.

【线上取点 4】工具：参考线—腰围曲线，参考点—中点，点空，方向—2，比例 1，增量—1.5cm。

【射线】工具：由中点向下拉一直线，单击【F5】键，将光标定位于数值输入框，长度—12cm（或 13cm），角度—270°。

【射线】工具：分别连接省的两条边线。

正常腰围向下 5cm。

【线上取点 1】工具：参考线—前中心线，参考点—前中心线顶点，长度—5cm（或 -5cm）。

【线上取点 1】工具：参考线—侧缝线，参考点—侧缝顶点，长度—5cm（或 -5cm）。

【自由曲线】工具：连接该两点，形成新的腰围线，平行于原腰围曲线。

【两线求交】工具：分别求出新的腰围线与省道两边的交点 a、b、c、d，如图 2-126 所示。

腰高 8cm

同上步，分别用【线上取点 1】、【自由曲线】工具，划出与新腰线平行的曲线，并用【两线求交】工具将该曲线与省中线的交点 e、f 求出来，如图 2-127 所示。

二、工作室教学第一单元——裙子CAD制版

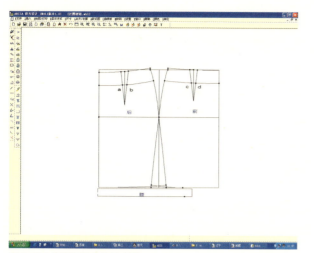

图2-126 新的腰围曲线示意图

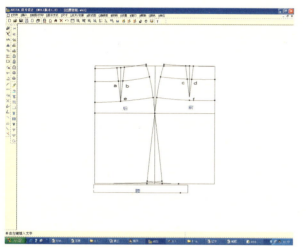

图2-127 划出新腰的过腰褶裙

把新腰断开移出。

【分割结构线】工具：将新腰的连线断开，【选择结构图点线】将腰及交点选择，按住【Ctrl】键的同时，单击右键，选择【拖动平移】水平方向30cm（或-30cm），如图2-128所示。

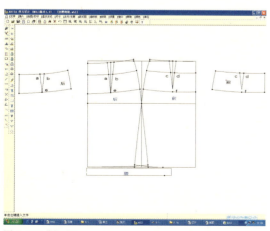

图2-128 腰围图

将前后腰省合并。

【分割结构线】工具：将前、后腰从b、e、c、f点断开。

【选择结构图点线】工具：前腰选择cf到侧缝部位，单击右键【线靠线】c、f、d、f即可。

【选择结构图点线】工具：后腰选择be到侧缝部位，单击右键【线靠线】b、e、a、e即可。

【自由曲线】工具：重新将前后腰连圆顺。

【选择结构图点线】工具：分别选择连圆顺的腰，按住【Ctrl】键的同时，单击右键，选择【对称】，单击前后中线，即划出前后整腰的结构图，如图2-129所示。

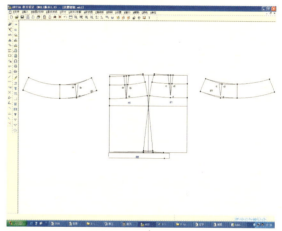

图2-129 前后腰围结构图

将前后片的腰线及底边线分别四等分，每一等分的位置加入10cm的褶量。

【等分线】工具：分别选择腰围线与底边线，四等分。

【射线】工具：连接各等分点。

【选择结构图点线】工具：选择前片将其移出，如图2-130所示。

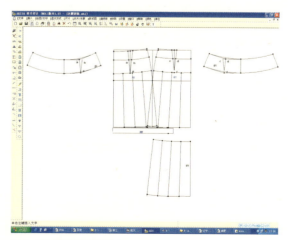

图2-130 移出前片的裙型

将裙子应做的褶量加出来

【宏命令】工具：调出宏命令窗口，选择第一个命令【多褶展开（2～5）个】，如图1-131所示。

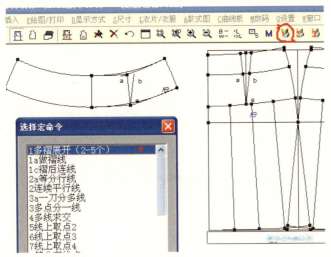

图2-131 宏命令窗口

单击【确定】按钮后，出现提示：请选择起始边（上边或下边），如图2-132所示。

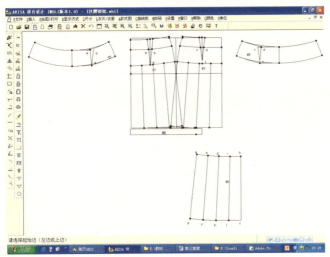

图2-132 多褶展开的提示1

根据提示，选择ab边后，下面提示：请选择结束边（右边或下边），如图：2-133所示。

选择cd边为结束边，如图2-134所示。

根据提示，依次选择ij、gh、ef，空格键确定，如图2-135所示。

输入起始边的褶量—20cm，结束边的褶量—20cm，空格键确定，如图2-136所示。

根据提示选择ib、bc、cj这三条线，如图2-137所示。

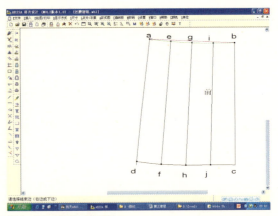

图2-133 多褶展开的提示2

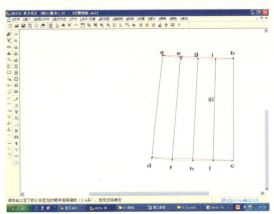

图2-134 多褶展开的提示3

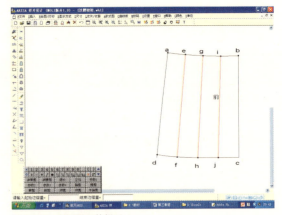

图2-135 多褶展开的提示4

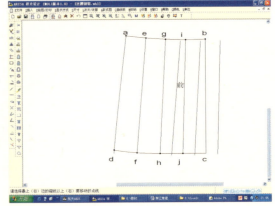

图2-136 多褶展开的提示5

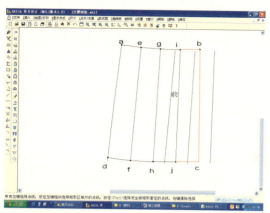

图 2-137 多褶展开的提示 6

空格键确定，如图 2-138 所示。

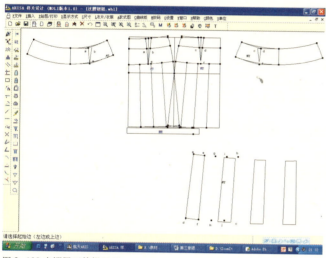

图 2-138 多褶展开的提示 7

下面将加进褶量的四块版块连成一体。

【宏命令】工具：调出宏命令窗口，选择第三个命令【1c 褶后连线】，如图 2-139 所示。

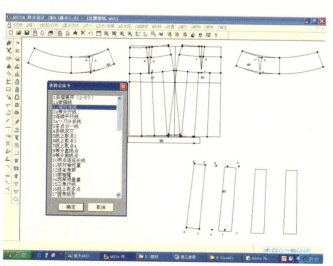

图 2-139 多褶展开的提示 8

单击确定后，如图 2-140 所示。

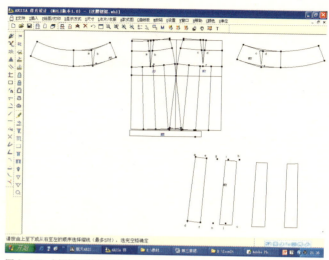

图 2-140 多褶展开的提示 9

根据提示依次选择，如图 2-141 所示。

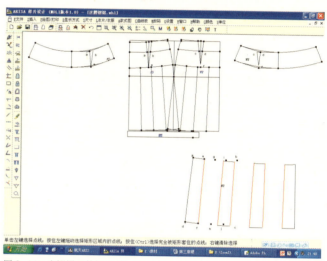

图 2-141 多褶展开的提示 10

按空格键确认，如图 2-142 所示。

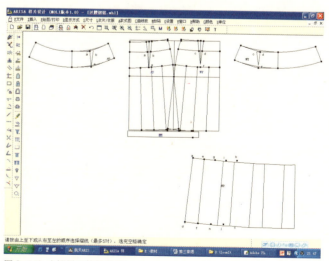

图 2-142 多褶展开的提示 11

在前中心线处，向外加出 5cm 的褶量。

【延长线】工具：分别将上边与下边各延长 5cm。

【射线】工具：连接两个延长的端点即可，如图 2-143 所示。

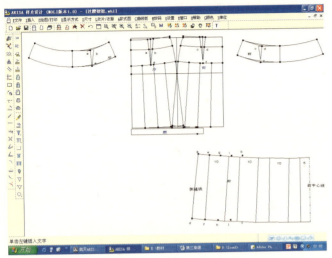

图 2-143 多褶展开的提示 12

后片的制作过程同前片，如图 2-144 所示。

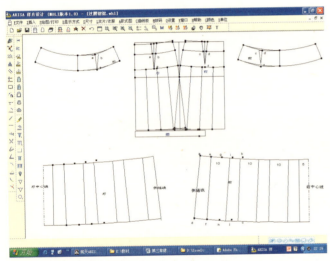

图 2-144 过腰褶裙完成结构图

8．螺旋裙

1）款式说明

这是一款六片斜向结构分割线（没有侧缝）的具有螺旋效果的摆裙。整体缉明线，极具动感效果，腰部装腰头，并在斜向结构线中装拉链。

2）技术工艺标准和要求

以中间体号型 160/84A 为标准，制作标准版，选择适合的材质制作出成品，并满足成品工艺标准。

3）实训场所、工具、设备

服装 CAD 工作室、服装工艺工作室，剪刀等缝制设备；面料：可选用有一定质感的薄棉、麻、牛仔布等。

4）制作前的准备工作

材料的采购及准备。

5）详细制作步骤

螺旋裙款式图如图：2-145 所示。

螺旋裙结构图如图：2-146 所示。

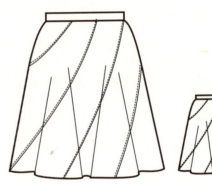

图 2-145 螺旋裙款式图

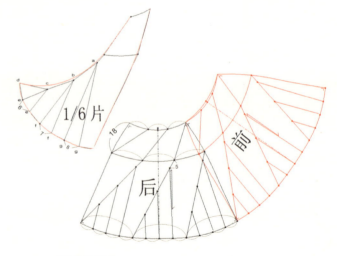

图 2-146 螺旋裙结构图

6）螺旋裙结构图制作步骤

选择中喇叭裙的裙型为基础版，螺旋裙的前后片是一样大的，因此，先将小喇叭裙的裙型调整为前后一致。

打开 M 表，如图 2-147 所示，选择 O 点将其公式中的值"1"改为"0"即可。

以后片为例作出结构图，前片同后片。

（1）将后片的臀围线划出

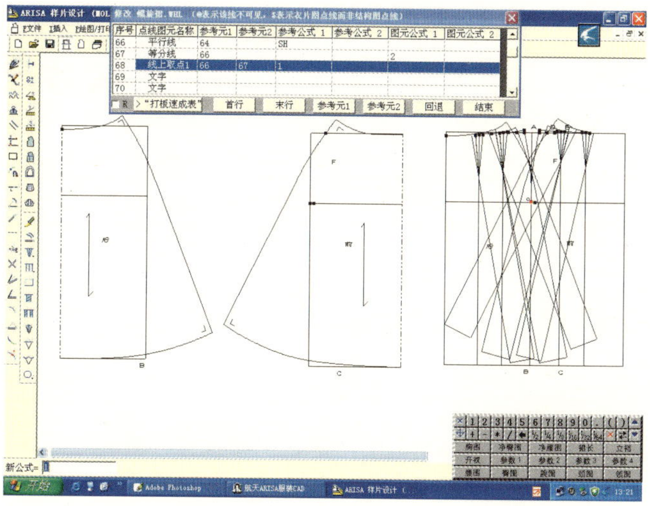

二、工作室教学第一单元——裙子CAD制版

将腰围线、臀围线、底边线分别分成三等分。

用【射线】工具，按如图2-149所示的方式，连接各等分点。

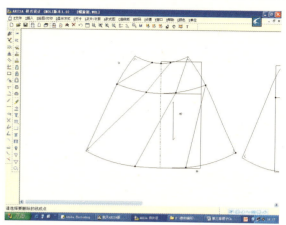

图2-149 连接分割线

（3）将底边线的每一段均四等分

【宏命令】中的第九项【等分曲线点】：工具，分别选择底边曲线，按线段选择第一点和第二点，如图2-150所示。

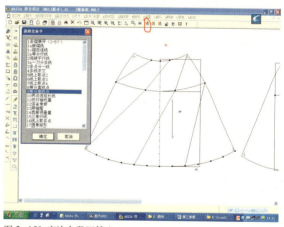

图2-150 底边各段四等分

距臀围线5cm处取一点，将该点至底边线的长度分成三等分，分别用射线工具连接它们，做成分割线，如图2-151所示。

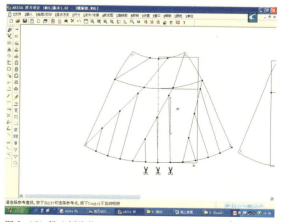

图2-151 沿分割线剪开

图2-147 小喇叭裙的裙型

侧缝也许不是一条线，先用自由曲线将其重新圆顺，使其成为一条直线。

【线上取点1】工具：参考线—侧缝线，参考点—侧缝顶点，长度—18cm。

（2）将后片对称复制

【选择结构图点线】工具：选中后片轮廓线，按住【Ctrl】键的同时，单击右键，选择【对称】，选择中线为对称轴。

【自由曲线】工具：过臀围点，将臀围线划出，如图2-148所示。

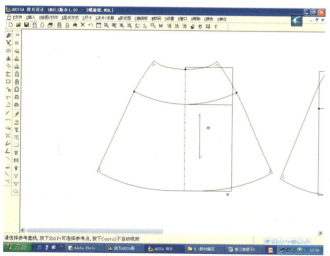

图2-148 后片的完整阔型

选择其中一片完整的片，复制并拖到外面，进行底边的放松量处理，如图2-152所示。

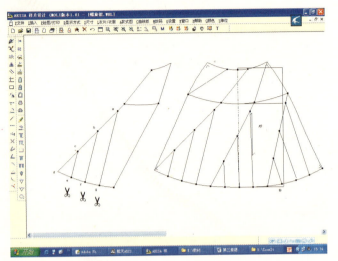

图2-152 底边放量处理

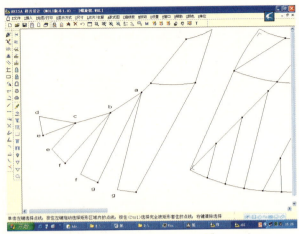

图2-154 底边完全展开图

（4）处理底边放量

【分割结构线】工具：将a、b、c、d、e、f、g点断开。

【选择结构图点线】工具：将三角形acg选中，单击右键，选择【拖动旋转】，旋转中心为a点，输入旋转的角度—12°（此时能保证该开口的长度为8cm）。

【射线】工具：连接a与g点，如图2-153所示。

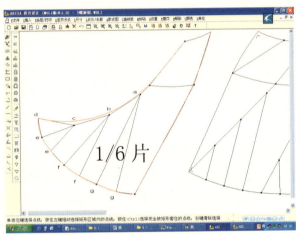

图2-155 连接圆顺的一片

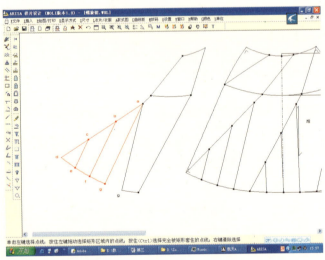

如图2-153 g点展开图

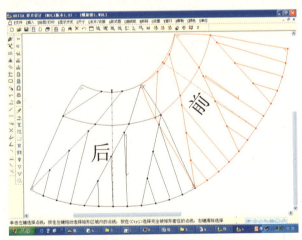

图2-156 前、后片相合的结构图

同理展开f、e点，如图2-154所示。

【自由曲线】工具：将三条边重新连圆顺，如图2-155所示。把裙前后片合到一起，如图2-156所示。

我们会发现，这个裙子需要六片这样完全展开的片即可（注意后片的腰下落1cm）。

三、工作室教学第二单元——裤子CAD制版

（一）原型裤子制版

1. 原型裤子制版要求

1）款式说明

这是一款合体型的标准女西裤版型，腰部在自然腰线上做无袢横向腰头，臀围的松量由于双腿和裤裆的缘故，要适当大于裙子原型，裤腿造型根据下肢形状由上而下逐渐缩小至脚口。前后腰分别收腰省，在前裆上方至中缝腰口开口装暗拉链，腰头钉一粒扣固定（图3-1、表3-1）。

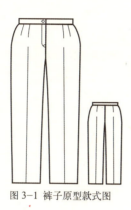

图3-1 裤子原型款式图

2）技术工艺标准和要求

以中间体号型160/84A为标准，制作一原型裤，要求线迹直挺，符合标准工艺要求。

3）实训场所、工具、材料、设备

服装CAD工作室、服装工艺工作室、剪刀等缝制设备。

面料：中等厚度的斜纹、棉麻、化纤及混纺织物等。

4）详细制版步骤

裤子原型版款式图如图3-1所示，尺寸如表3-1所示。

说明：表中的裤长，不包含腰头宽；表中的立裆是指服装号型中的体裆高。

基础线：

【半矩形】工具：单击屏幕，宽度－裤长；长度－35cm，如图3-3所示。

表3-1 女裤原型尺寸

码号	净腰围(cm)	净臀围(cm)	裤口(cm)	裤长(cm)	立裆(cm)
155/64A	64	86.8	19	96	23.5
160/68A	68	90	20	98	24.5
165/72A	72	93.2	21	100	25.5

裤子原型版结构图如图3-2所示。

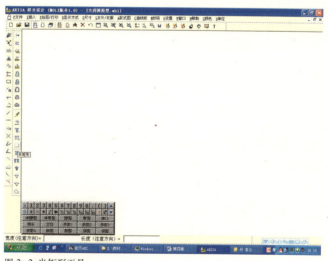

图3-3 半矩形工具

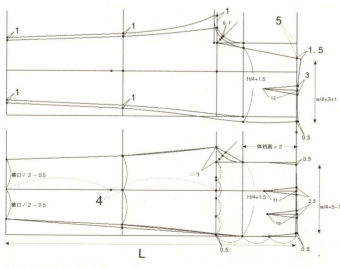

图3-2 裤子原型结构图

裤长线：

【射线】工具：连接上平线。

横裆线：

【平行线】工具：参考线—上平线，距离—直裆长（立裆高+2cm），如图3-4所示。

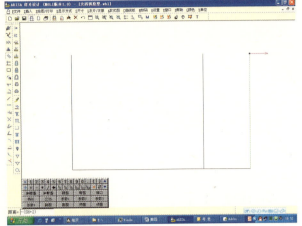

图 3-4 平行线求横档线

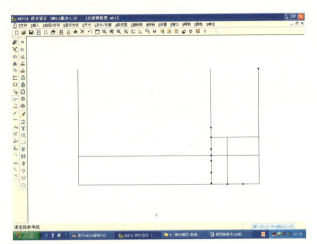

图 3-5 裤前片裤中线制作图

臀围宽：

【线上取点1】工具：参考线—横档长线，参考点—横档长线与侧缝线的交点，长度—净臀围/4+1.5。

臀围肥线：

【射线】工具：连接臀围宽点至上平线。

臀围线：

【等分线】工具：将直档长分成三等分。

【射线】工具：连接三分之一点至臀围肥线。

侧缝劈势：

【线上取点1】工具：参考线—横档线，参考点—横档线与侧缝线交点，长度—0.5cm。

前档宽：

【等分线】工具：将劈去0.5cm侧缝劈势的臀围宽分成四等分。第一参考点—0.5cm劈势点，第二参考点—臀围宽点，等分数—4。

【线上取点4】工具：参考线—横档线，参考点—横档线与臀围宽线的交点，参考距离—1/4臀围宽，方向—0，比例—1，增量——1cm。

裤中线（挺缝线）：

【等分线】工具：小档高点与劈势点的中点。

【射线】工具：连接裤中线，如图3-5所示。

裤口：

【线上取点1】工具：参考线—下平线，参考点—下平线与裤中线的交点，长度—裤口/2—0.5。

【线上取点1】工具：裤口：参考线—下平线，参考点—下平线与裤中线的交点，长度—裤口/2—0.5。

中档线（膝盖线）：

【等分线】工具：将下档长二等分。

【线上取点1】工具：参考线—挺缝线，参考点—下档长中点，距离—4cm。

侧缝辅助线：

【射线】工具：经侧缝劈势连接裤口宽至臀围线与侧缝线的交点。

中档宽：

【两线求交】工具：第一条参考线—侧缝辅助线，第二条参考线—中档线。

【线上取点1】工具：参考线—中档线，参考点—中档线与侧缝辅助线交点，距离—1cm。

【线上取点4】工具：参考线—中档线，参考点—中档线与挺缝线的交点，距离参考点1—中档线与挺缝线交点，距离参考点2—中档线1cm点。

【射线】工具：连接裤口宽点与中档宽点、中档宽点与前档宽点，如图3-6所示。

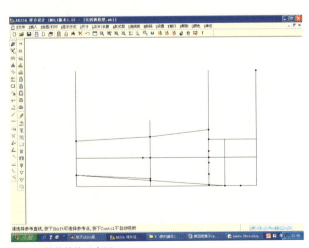

图 3-6 前片结构示意图1

前档弧线：

【射线】工具：连接小档宽点与臀围线和臀围宽线的交点。

【角平分线】工具：第一参考线—臀围宽线，第二参考线—前档宽线，空格确认，如图 3-7 所示。

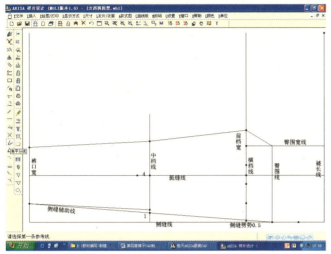

图 3-7　前片结构示意图 2

【两线求交】工具：第一参考线—角分线，第二参考线—小档斜线。

【等分线】工具：角分线三等分。

【自由曲线】工具：过三分之一点划弧，如图 3-8 所示。

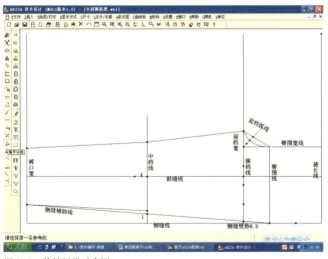

图 3-8　前档弧线示意图

裤腰线：

前腹撇势：

【线上取点 1】工具：参考线—腰围线，参考点—腰围线与臀宽线的交点，距离—0.7cm。

前腰宽：

【线上取点 1】工具：参考线—腰围线，参考点—0.7cm 点，距离—W/4+5。

【任意点】工具：参考点—腰围宽点，Y 偏移量—0.5cm。

【自由曲线】工具：连接腰围宽线。

腰省：

【两线求交】工具：第一参考线—挺缝线，第二参考线—腰围宽线。

【任意点】工具：参考点—腰围宽线与挺缝线的交点，X 偏移量——11cm。

【线上取点 4】工具：参考线—腰围曲线，参考点—腰围宽线与挺缝线的交点，方向—2，比例—1，增量—2.5/2。

【射线】工具：连接省的两条边线。

【等分线】工具：第一参考点—靠近侧缝的省端点，第二参考点—侧缝线与腰围宽的交点，等分数—2。

【任意点】工具：参考点—中点，Y 偏移量——10cm。

【线上取点 4】工具：参考线—腰围曲线，参考点—腰围宽线与挺缝线的交点，方向—2，比例—1，增量—2.5/2cm。

【射线】工具：连接省的两条边线。

【自由曲线】工具：连接前腹线。

【自由曲线】工具：连接侧缝线，如图 3-9 所示。

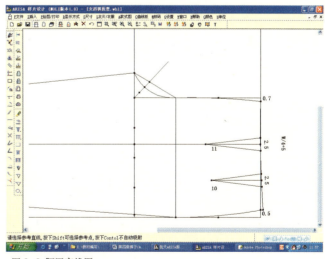

图 3-9　腰围宽线图

【自由曲线】工具：连接前侧缝弧线。

【自由曲线】工具：连接前下档弧线，如图 3-10 所示。

后片：

将前片复制一个：

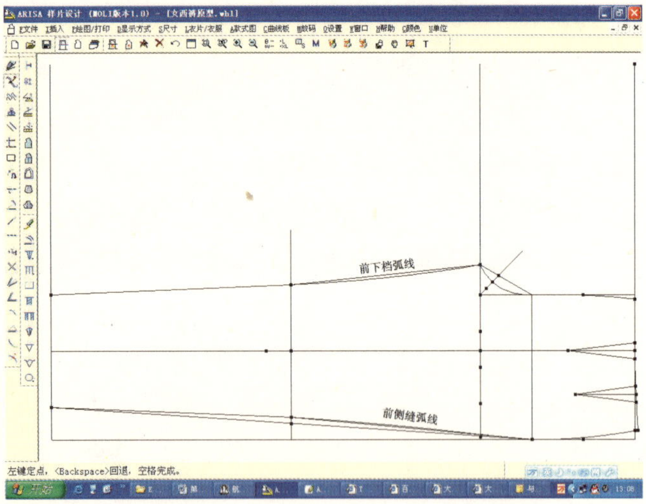

图 3-10 前片完成图

【选择结构图点线】工具：将前片全部选中，按住【Ctrl】点击右键，选择【拖动平移】工具，Y方向偏移量—40cm。

裤脚口向外扩 1cm。

【线上取点 1】工具：参考线—脚口线，参考点—前脚口宽点，距离—1cm。

中档宽向外扩 1cm。

【线上取点 1】工具：参考线—中档线，参考点—前中档宽点，距离—1cm。

【自由曲线】工具：连接后侧缝弧线。

落档 1cm。

【任意点】工具：参考点—前裤片基点，X方向偏移量——1cm。

【射线】工具：连接落档线。

前腹撇势 5cm。

【射线】工具：连接后档斜线。

后撬高 1.5cm。

【延长线】工具：长度—1.5cm。

后腰宽：

【延长线】工具：参考线—裤长线，长度—6cm。

【线上取点 4】工具：参考线—腰宽线延长线，参考点—后撬高点，单击，方向—0，比例—1，增量—W/4+3。

侧缝线上提 0.5cm。

【任意点】工具：X方向偏移量—0.5cm。

后档宽：

【两线求交】工具：参考线 1—前臀围线，参考线 2—后档斜线。

【线上取点 1】工具：参考线—前臀围宽线，参考点—前臀围线与后档斜线的交点，距离—H/4+1.5。

后侧缝弧线，腰宽弧线：

【自由曲线】工具：连接后撬高点与侧缝点，连接侧缝点与中档宽点。

省：

【等分线】工具：参考线—后腰围曲线，等分数—2。

【垂线】工具：参考线，后腰斜线，参考点—后腰曲线中点。

按【F5】键工具：垂线长度—12cm。

【射线】工具：连接前省的两边线，如图 3-11 所示。

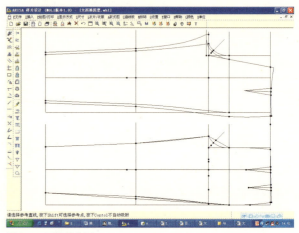

图 3-11 西裤结构图

（二）裤子款式的变化与制版

1. 直筒女西裤

1) 款式说明

这是一款完全模仿男西裤造型的女西裤版型，直腰头上做五个腰带襻。前腰为单褶，两侧斜插袋。后腰为单省，后右臀上方做一单嵌线一字挖袋。可用作西服套装等较正式的裤子。

2) 技术工艺标准和要求

以中间体号型 160/84A 为标准，制作一原型裤，要求线迹直挺，符合标准工艺要求。

3) 实训场所、工具、材料、设备

服装 CAD 工作室、服装工艺工作室，剪刀等缝制设备。

面料：中等厚度的斜纹、棉麻、化纤及混纺织物等。

4) 详细制版步骤

款式图如图 3-12 所示。

将裤子原型版调出，选择【文件】【换名保存当前样片】

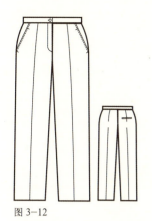

图 3-12

—输入"直筒女西裤"。

尺寸表：将尺寸表打开，修改尺寸表如表 3-2 所示。

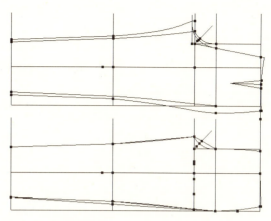

图 3-14 删除前腰省的图

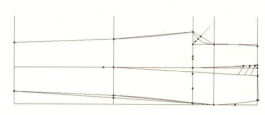

图 3-15 前片省完成图

直筒女西裤内部尺寸表　　表 3-2

码号	净腰围(cm)	净臀围(cm)	裤口(cm)	裤长(cm)	立裆(cm)
155/64A	64	86.8	21.5	96	23.5
160/68A	68	90	22.5	98	24.5
165/72A	72	93.2	23.5	100	25.5

【M】表修改：

横裆线减 0.5cm，前臀围松量变为 1cm，后臀围松量变为 2cm，前片省量变为 4cm，如图 3-13 所示。

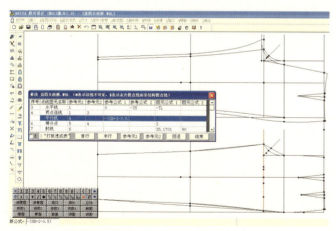

图 3-13 裤子原型版的【M】表修改

【选择结构图点线】工具：删除前片的两个省，如图 3-14 所示。

前片省：

【线上取点1】工具：参考线—腰围曲线，参考点—腰围曲线与裤中线的交点，参考距离—1cm。

【线上取点1】工具：参考线—腰围曲线，参考点—1cm点，参考距离—4cm。

【射线】工具：连接 4cm 点至膝围线。

【自由曲线】工具：连接 1cm 点至横裆线，如图 3-15 所示。

斜插袋：

【线上取点1】工具：参考线—腰围曲线，参考点—腰围曲线与侧缝线的交点，参考距离—-4cm。

【射线】工具：连接 4cm 点至横裆线，即为兜口斜线。

【线上取点1】工具：参考线—兜口斜线，参考点—腰围曲线与兜口斜线的交点，参考距离—3cm，为兜口封结处，如图 3-16 所示。

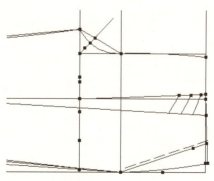

图 3-16 侧插袋图

裤口：

【M】表：在原型版中，将前片膝围线处，在侧缝连线处减 1cm，变成减 2.5cm。将膝围线原上提 4cm 改为上提 6cm，如图 3-17 所示。

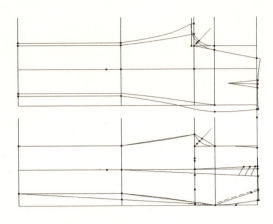

图 3-17 膝围线调整后图

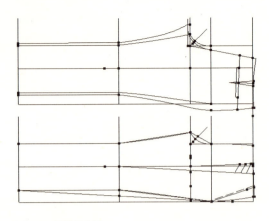

图 3-19 筒裤结构图

后片：

【M】表：将后片省宽由原 3cm 改为 2cm，多余的 1cm 变为腰围松量。

省长由原 12cm 改为 10cm。

后兜：

【线上取点 1】工具：参考线—后档斜线，参考点—后档斜线与腰围曲线的交点，参考距离—7cm。

【线上取点 1】工具：参考线—侧缝线，参考点—腰围曲线与侧缝线的交点，参考距离—7cm。

【射线】工具：连接两个 7cm 点，为后兜口线，交于省中心线。

【两线求交】工具：求出两线的交点。

【线上取点 1】工具：参考线—后兜口线，参考点—交点，参考距离—6cm。

【线上取点 1】工具：参考线—后兜口线，参考点—交点，参考距离—6cm，即为兜口宽。

【垂线】工具：分别在 6cm 点向下作 1cm 的垂线，即为兜牙宽，如图 3-18 所示。

成品结构如图 3-19 所示。

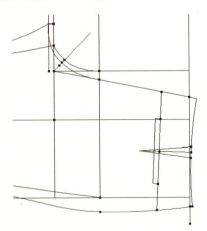

图 3-18 后袋位

2. 裤子款式的变化与制版实训作业

1）斜插袋女西裤

款式如图 3-20 所示。

2）宽松型连腰女西裤

款式如图 3-21 所示。

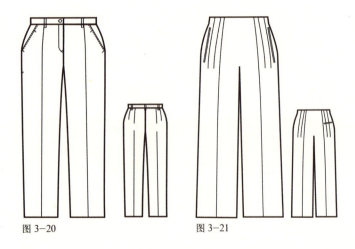

图 3-20　　　　　图 3-21

斜插袋女西裤款式说明：

这是模仿男装斜插袋西裤造型的一款女西裤。

裤子呈基本型造型，直腰头，由于此类裤子是要系腰带的，这种裤子腰头上要做五个腰袢，前腰双褶。两侧斜插袋，不仅装饰性强，而且，插手便利。后腰收双省。适合较正式的女性西服套装有休闲裤等。

宽松型连腰女西裤款式说明：

这是一款宽松型的连腰女时装西裤。

臀围和裤腿都是较宽松的造型，前腰做三个活褶，后腰为双省，并在前后片分别挖双嵌线插袋。由于着装时要系腰带，所以要在连腰上做腰带袢。当然，也可以不做腰带袢，着装时配用背带。前中心开口，可按一般西裤做暗拉链。如果不做腰带袢，前开口可配装隐形拉链。虽然是较宽松的造型，但却是适合夏秋季穿用的裤子。

3）牛仔裤

款式如图3-22所示。

4）低腰牛仔裤

款式如图3-23所示。

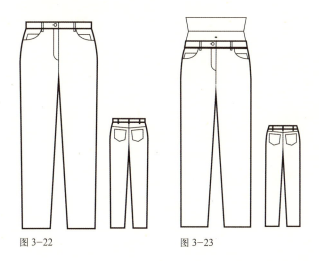

图3-22　　　　图3-23

牛仔裤款式说明：

这是源于美国西部牛仔穿用的一种裤子。牛仔裤在造型上有自然腰和低腰的变化。这里是自然腰线的基本款式。无腰省，前面为月牙形插袋，右侧袋内还有一个内贴袋。后腰做过腰，过腰之下的臀部有两个贴袋。牛仔裤整体上要缉明线。

低腰牛仔裤款式说明：

这是低腰（也称落腰）造型的牛仔裤。低腰的造型能展示女性优美的腰腹部体型和线条，是深受年轻人喜爱的款式。低腰牛仔裤的低腰量从3—10cm不等。

5）低曲腰头加长喇叭裤

款式如图3-24所示。

6）弹力低曲腰头无省紧身裤

款式如图3-25所示。

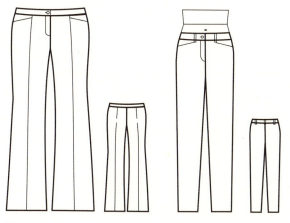

图3-24　　　　图3-25

低曲腰头加长喇叭裤款式说明：

从腰部到膝围都非常贴身，而从膝盖到脚口呈喇叭展开，低腰、曲腰头。作为低腰造型，曲腰头比直腰头更能帖体。前面两个卧式插袋，前腰无省，后腰为单省。脚口宽度根据造型有多种设计。这是较适合高挑女性的款式。

弹力低曲腰头无省紧身裤款式说明：

窄裤脚贴身造型。低曲腰头，前后曲腰头上做五个腰带袢。前面做两个窄卧式插袋，后片为无袋设计，也可参考牛仔裤做后贴袋。

7）萝卜裤

款式如图3-26所示。

8）低曲腰头超短牛仔裤

款式如图3-27所示。

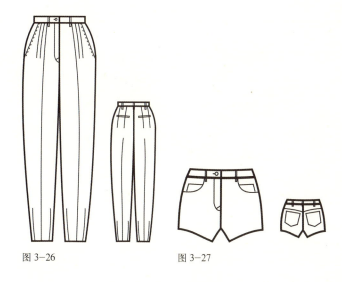

图3-26　　　　图3-27

萝卜裤款式说明：

宽松裤的造型，前腰三个活褶，斜插袋，直腰头，五个腰带袢。后腰收两个腰省，后侧两个单嵌线挖袋。前后脚口分别做两个脚口省收窄。此款式为时装型休闲裤，穿着舒适大方。虽然与锥形裤同为收窄脚口的造型，却是完全不同的两种风格。

低曲腰头超短牛仔裤款式说明：

这是作为外穿的裤子中长度最短的裤子，裤长加腰长只有20cm左右，牛仔裤的形式，具有青春、时尚、运动和美感。

四、工作室教学第三单元——女上衣CAD制版

（一）原型上衣制版

1. 原型上衣制版要求

1）款式说明

女装原型采用日本文化原型为例，日本文化式原型是以人体上半身的胸围和背长两个参考尺寸为依据，并追加一定的松量进行制作的。上衣原型可作为女装上衣制作的母版，可作为任何款式的基础版，上衣原型只是以胸围尺寸为主要依据，因为人体胸围尺寸的大小与上半身其他部位的尺寸，如颈围、胳膊、肩宽等的大小是成正比的。因此，以胸围尺寸为依据，再按比例计算出其他相应部位的尺寸，其对人体的适合度是很高的。

2）技术工艺标准和要求

以中间体号型160/84A为标准，制作一白匹布原型，要求线迹直挺。

3）实训场所、工具、材料、设备

服装CAD工作室、服装工艺工作室，白匹布、白轴线、剪刀等缝制设备。

4）详细制版步骤

女上衣原型款式图如图4-1所示。

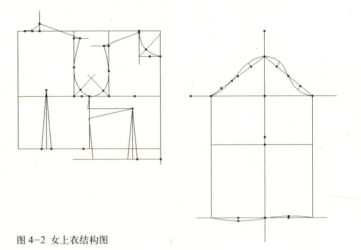

图4-2 女上衣结构图

女上衣原型尺寸表　　　　　表4-1

码号	袖长（cm）	背长（cm）	净胸围（cm）
155/80A	50.5	37	80
160/84A	52	38	84
165/88A	53.5	39	88

【矩形】工具：单击屏幕，宽度—净胸围/2+5；长度—背长，如图4-3所示。

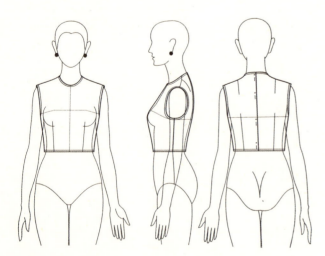

图4-1 女上衣款式图

女上衣结构图如图4-2所示。

尺寸表如表4-1所示。

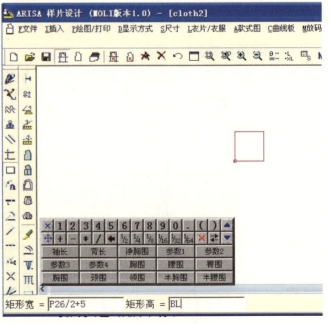

图4-3 半矩形工具

袖窿深线：

【平行线】工具：参考线—上平线，距离—净胸围 /6+7，如图 4-4 所示。

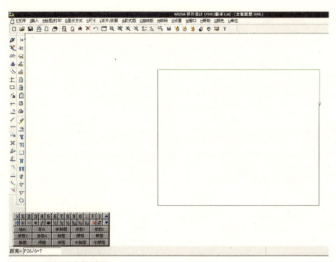

图 4-4 平行线求横档线

前胸宽：

【线上取点 1】工具：参考线—袖窿深线，参考点—袖窿深线与前中心线的交点，长度—净胸围 /6+3。如图 4-5 所示。

背宽线：

【线上取点 1】工具：参考线—袖窿深线，参考点—袖窿深线与背中心线的交点，长度—净胸围 /6+4.5。如图 4-6 所示。

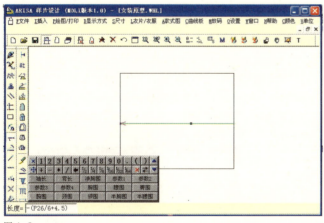

图 4-5

【射线】工具：由后领宽点向上做一 6cm 射线。

【等分线】工具：将后领宽三等分。

后领深线：

【线上取点 4】工具：参考线—后领宽线，参考点—后领宽点，参考距离—后领宽的三分之一，方向—1，比例—1，增量—0cm。如图 4-7 所示。

图 4-6

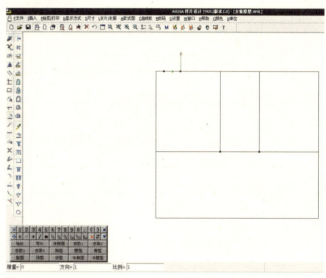

图 4-7

后落肩线：

【线上取点 4】工具：参考线—背宽线，参考点—背宽线与上平线的交点，参考距离—后领宽的三分之一，方向—0，比例—1，增量—0cm。

【射线】工具：在落肩点做一水平射线。

前落肩线：

【线上取点 4】工具：参考线—前胸宽线，参考点—前胸宽线与上平线的交点，参考距离—后领宽的三分之二，方向—0，比例—1，增量—0cm。

【射线】工具：在落肩点做一水平射线。

前领深线：

【线上取点 4】工具：参考线—前中心线，参考点—前中心线与上平线的交点，参考距离—后领宽，方向—0，比例—1，增量—1cm。如图 4-8 所示。

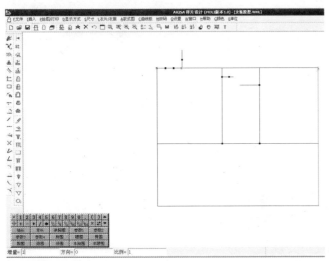

图 4-8

前领宽线：

【线上取点 4】工具：参考线—上平线，参考点—前中心线与上平线的交点，参考距离—后领宽，方向—0，比例—1，增量——0.2cm。

【射线】工具：分别做一水平射线、垂直射线。

后肩线：

【线上取点 1】工具：参考线—后落肩线，参考点—背宽线与落肩线的交点，长度—2cm（后冲肩值为2cm）。

【射线】工具：连接后领深点与后冲肩值点。

前肩线：

【线上取点 1】工具：参考线—前领深线，参考点—上平线与前领深线的交点，长度—0.5cm。

【线上取点 4】工具：参考线—前落肩线，参考点—前落肩线与前胸宽线的交点，参考距离—后肩宽，方向—1，比例—1，增量——1.8cm。如图 4-9 所示。

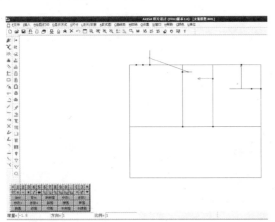

图 4-9

【射线】工具：连接前肩线。

后领弧线：

【自由曲线】工具：按图画圆顺。

前领弧线：

【等分线】工具：将前领宽二等分。

【角平分线】工具：第一参考线—前领宽线，第二参考线—前领深线，空格确认。

【线上取点 4】工具：参考线—角分线，参考点—角分线顶点，参考距离—前领宽的二分之一，方向—1，比例—1，增量——0.3cm。

【自由曲线】工具：按图画圆顺裤中线，如图 4-10 所示。

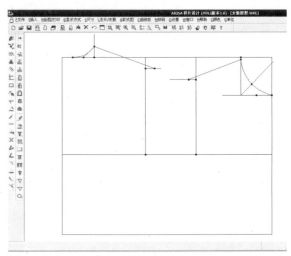

图 4-10

侧缝线：

【线上取点 4】工具：参考线—袖窿深线，参考点—前中心线与袖窿深线的交点，参考距离—袖窿深线长（半胸围肥），方向—1，比例—0.5，增量—0cm，如图 4-11 所示。

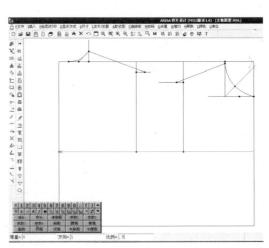

图 4-11

【射线】工具：连接至下平线。

袖窿弧线：

【等分线】工具：将背宽线从落肩点至袖窿深线两等分，将前胸宽线从落肩点至袖窿深处两等分。

【角平分线】工具：分别求出前、后窿门的角分线。空格确认。

【线上取点 4】工具：参考线—后窿门宽角分线，参考点—后窿门宽顶点，参考距离—后窿门宽二分之一，方向—1，比例—1，增量—0.5cm。

【线上取点 4】工具：参考线—前窿门宽角分线，参考点—前窿门宽顶点，参考距离—前窿门宽二分之一，方向—1，比例—1，增量—0cm。

【自由曲线】工具：根据各参考点按图画圆顺曲线，如图 4-12 所示。

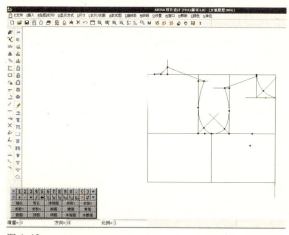

图 4-13

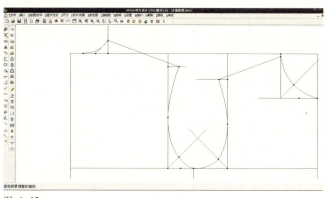

图 4-12

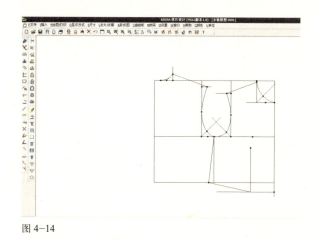

图 4-14

BP 点：

【等分线】工具：参考点 1—袖窿深线与前胸宽线的交点，参考点 2—前中心线与袖窿深线的交点，等分数—2。

【任意点】工具：参考点—袖窿深线中点，X—-0.7cm，Y—-4cm。

胸透量：

【延长线】工具：参考线—前中心线，向下延伸 5cm。

【线上取点 4】工具：参考线—延长线，参考点—下平线与前中心线的交点，参考距离—前领宽的二分之一，方向—0，比例—1，增量—0cm。

【射线】工具：在该点作一水平线，如图 4-13 所示。

【线上取点 1】工具：参考线—下平线，参考点—下平线与侧缝线交点，距离—2cm。

【射线】工具：连接 2cm 点至 BP 点与胸透线交点，如图 4-14 所示。

袖子：

【任意点】工具：参考点—前中心线与袖窿深线的交点，X—5，Y—0。

【射线】工具：水平画一约 60cm 长的线，即为袖肥线。再垂直画一竖线，为袖中线。

【两线求交】工具：求出袖肥线与袖中线的交点。

袖山高：

【线上取点 4】工具：参考线—袖中线，参考点—交点，参考曲线—袖窿弧线，参考点—袖窿弧两个端点，方向—0，比例—0.33，增量—-1cm。

前袖山坡线

【线上取点 4】工具：参考线—袖肥线，参考点—交点，参考曲线—袖窿弧线，参考点—前袖窿弧两个端点，方向—1，比例—1，增量—0cm。

【线上取点 4】工具：参考线—袖肥线，参考点—交点，参考曲线—袖窿弧线，参考点—后袖窿弧两个端点，方向—0，比例—1，增量—1cm，如图 4-15 所示。

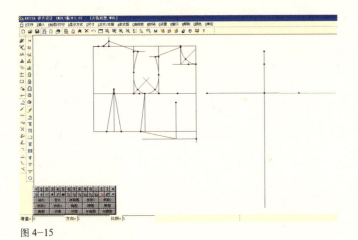

图 4-15

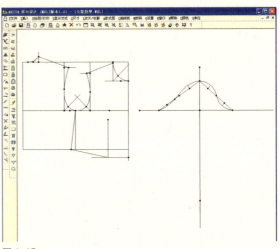

图 4-17

注意：此时点击推版，将【线上取点 4】带来的对称点删除，如图 4-16 所示。

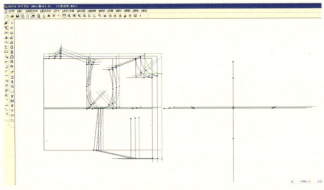

图 4-16

【射线】工具：连接前后袖山坡线。

袖山弧：

【等分线】工具：将前袖山坡线四等分。

【等分线】工具：将后袖山坡线两等分。

【垂线】工具：前袖山坡线，在第一等分点处凸起 1.8cm，第三等分点处凹下 1.5cm。

【线上取点 1】工具：参考线—后袖山坡线，参考点—后袖山顶点，参考距离—2.5cm。

【等分线】工具：后袖山坡下半部分两等分。

【垂线】工具：后袖山坡线，在第一等分点处凸起 1.5cm，第三等分点处凹下 0.5cm。

【自由曲线】工具：划弧。

袖长线：

【线上取点 1】工具：参考线—袖中线，参考点—袖山顶点，距离—袖长，如图 4-17 所示。

袖口肥线：

【射线】工具：分别沿袖长线向两边作射线，长度略长于袖肥。

【射线】工具：分别沿袖肥点向下作垂线交于袖口肥线。

袖肘线：

【等分线】工具：将袖长两等分。

【线上取点 1】工具：参考线—袖中线，参考点—袖长线中点，距离—2.5cm。

袖口线：

【等分线】工具：将前后袖口肥分别两等分。

【任意点】工具：参考点—后袖口肥中点，X 偏移量—0cm，Y 偏移量——1cm。

【任意点】工具：参考点—前袖口肥中点，X 偏移量—0cm，Y 偏移量—0.5cm。

【任意点】工具：参考点—袖中点，X 偏移量—0cm，Y 偏移量——0.3cm。

【自由曲线】工具：画弧，如图 4-18 所示。

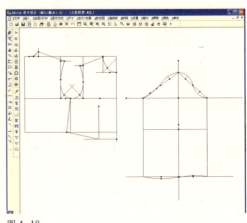

图 4-18

省量：

根据 160/84A 的人体，其腰围为 68cm，因此，胸腰差为 16cm，现胸围加放 10cm，腰围加放松量为 6cm，因此胸腰的放松量差为 4cm，共计 20cm 的胸腰差，需要用省量来调整。

半胸围的省量为 10cm，人体前片的省量约为后片的 2 倍，因此将片的省量设为 10×2/3，后片为 10×1/3。

前片省：

【线上取点 1】工具：参考线—前片下平线，参考点—BP 点与下平线交点，距离—1.5cm。

【线上取点 1】工具：参考线—前片斜下平线，参考点—BP 点与下平线交点，距离——（10×2/3-1.5）。

【射线】工具：连接省的两条边线。

后片省：

【线上取点 4】工具：参考线—后片下平线，参考点—背宽线中点垂线与下平线的交点，点空，方向—2，比例—1，增量—10/（3×2）cm，如图 4-19 所示。

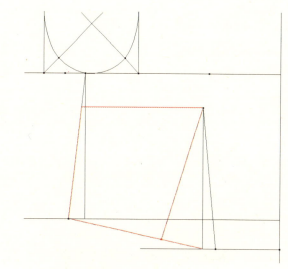

图 4-20 前片省量调整示意图

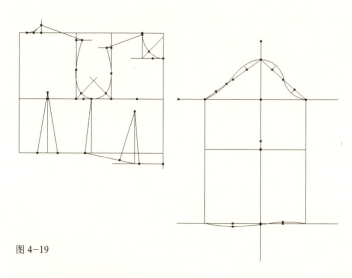

图 4-19

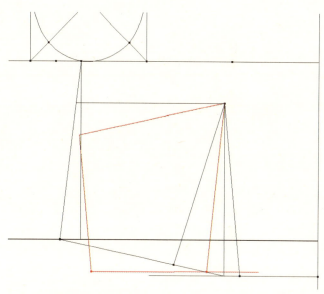

图 4-21 省量调整后示意图

前片省量的调整：

【射线】工具：延 BP 点水平作一射线交于侧缝线上。

【分割结构线】工具：请选择要分割的线—侧缝线，请选择分割线（点）—BP 点水平线与侧缝交点。

【选择结构图点线】工具：选择图中红色线部分，如图 4-20 所示。

省道转移：

【Ctrl】+右键，选择【拖动旋转】工具：请选择旋转中心点—BP 点，请选择旋转角度—拖动左键至红色部分的底边与水平线平行为止。即将腰省转移为两个省，如图 4-21 所示。

将【M】表打开，调整下平线，将下平线长度调整至长于侧缝线，如图 4-22 所示。

【线裁整】工具：分别将侧缝线及省线交到下平线上。

省尖离 BP 点 3cm。

【线上取点 1】工具：参考线—BP 点的垂线线，参考点—BP 点，距离—3cm。

【角平分线】工具：求侧缝省夹角平分线。

【线上取点 1】工具：参考线—侧缝夹角平分线，参考点—BP 点，距离—3cm。

【射线】工具：连接省的两条边线，如图 4-23 所示。

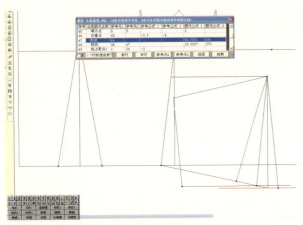

图 4-22

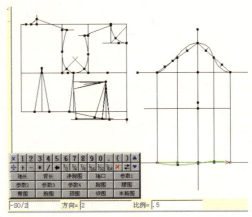

图 4-24

即在袖底边线上取出两点，如图 4-25 所示。

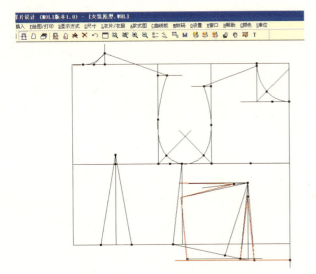

图 4-23

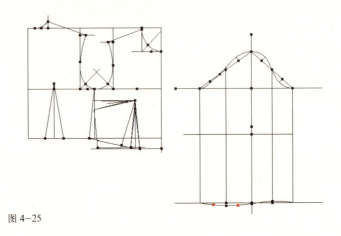

图 4-25

【自由曲线】工具：连接后袖省线。

【两线求交】工具：求出后袖省线与袖肘线的交点。

【线上取点4】工具：参考线——袖肘线，参考点——前袖肥中点，参考距离——前袖肘省量，方向——2，比例——0.5，增量——0cm。

【自由曲线】工具：连接前袖省线，如图 4-26 所示。

女上衣原型袖的变化：

打开尺寸表，将"袖口"数据加在表中（表 4-2）。

女上衣"袖口"数据　　　　表 4-2

码号	袖长（cm）	背长（cm）	净胸围（cm）	袖口（cm）
155/80A	50.5	37	80	23
160/84A	52	38	84	24
165/88A	53.5	39	88	25

【等分线】工具：将前、后袖肥分别两等分。

【射线】工具：连接中点分别至袖口线和袖山弧线。

调整袖口肥线：

【线上取点4】工具：参考线——袖肥曲线，参考点——后袖口肥中点，参考曲线——袖口肥线，方向——2，比例——0.5，增量——袖口肥/2cm，如图 4-24 所示。

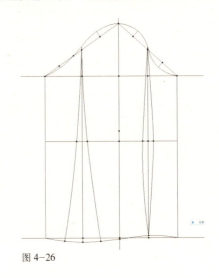

图 4-26

两片全体袖：

将前片袖的一部分移到后片袖上。

选择部分前片袖：

【Ctrl】+右键，选择【线靠线】工具：将前片袖的一部分移至后片袖上，形成大、小袖型，如图4-27所示。

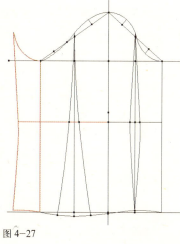

图4-27

为避免大、小袖型缝合线的外漏，将小袖缩小。小袖内缝分别进2cm，外袖缝袖肥点进1.5cm，袖肘处进1cm，如图4-28所示。

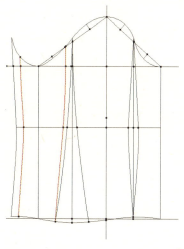

图4-28

形成如图4-29所示的两片袖。

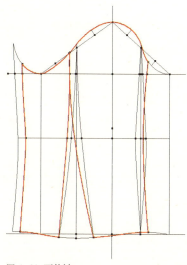

图4-29 两片袖

（二）上衣款式的变化与制版

1. 普通女衬衫

1）款式说明

这是一款日常最基本的翻领女衬衫。衣身造型为稍收腰线、平摆、翻领、前门襟有五粒扣，收前侧缝省和后肩省。具有女性味的长衬衫袖（袖口抽褶）。这是既可作为衬衣型衬衫（不能系领带），又可作为上衣型衬衫穿用的款式。作为上衣型衬衫时，可在领子、袖头或前胸绣上装饰花纹点缀，以免单调。

2）技术工艺标准和要求

以中间体号型160/84A为标准，制作标准版，选择适合的材质制作出成品，并满足成品工艺标准（图4-30、图4-31）。

图4-30 普通型女衬衫款式图

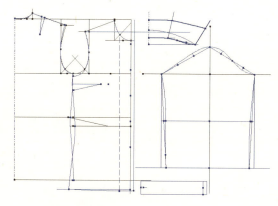

图4-31 普通型女衬衫结构图

3）实训场所、工具、设备

服装CAD工作室、服装工艺工作室，剪刀等缝制设备；面料：适合各式花型或素色衬衫面料。

4）详细制版步骤

普通型女衬衫款式图如图4-30所示，结构图如图4-31所示。

尺寸表如表 4-3 所示。

普通女衬衫尺寸 表 4-3

码号	衣长(cm)	袖长(cm)	背长(cm)	净胸围(cm)	腕围(cm)
155/80A	60.5	50.5	37	80	19
160/84A	62.5	52	38	84	20
165/88A	64.5	53.5	39	88	21

制图步骤：

将女装原型版调出，如图 4-32 所示，将多余线删除。

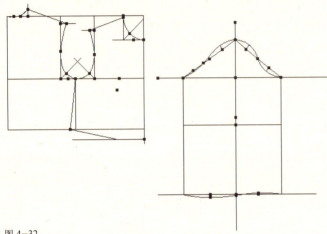

图 4-32

衣长：

【任意点】工具：参考点—后中线顶点，X 偏移量—0cm，Y 偏移量——衣长，如图 4-33 所示。

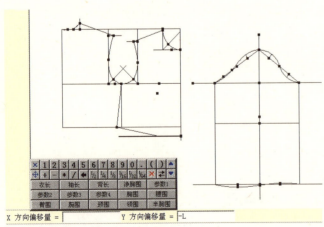

图 4-33

【线裁整】工具：请选择要裁整的线—后背中线，请选择第一切割线或切割点—衣长线，空格确认。

【射线】工具：由衣长点作水平线，即为衣长线。

【线裁整】工具：请选择要裁整的线—前中心线，请选择第一切割线或切割点—衣长线，空格确认。

胸透量：

【延长线】工具：请选择参考线—前中心线，距离—5cm。

【线上取点 4】工具：参考线—前中心线的延长线，参考点—前中心线与衣长线交点，参考距离—原型胸透量，方向—0，比例—1，增量—0cm。

【射线】工具：以胸透量为准，作一水平射线，即为前衣长线。

【线裁整】工具：请选择要裁整的线—侧缝线，请选择第一切割线或切割点—前衣长线，空格确认，如图 4-34 所示。

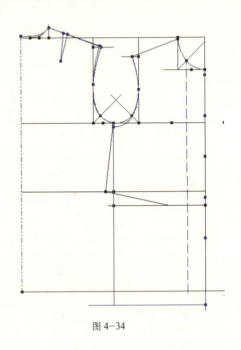

图 4-34

侧缝线：

【两线求交】工具：分别求出前后腰节线与侧缝线的交点，及前后底边线与侧缝线的交点。

【线上取点 1】工具：参考线—前腰节线，参考点—前腰节线与侧缝的交点，距离—1cm。

【线上取点 1】工具：参考线—后腰节线，参考点—前腰节线与侧缝的交点，距离— -1cm。

【线上取点 1】工具：参考线—前衣长线，参考点—前衣长线与侧缝的交点，距离— -1.5cm。

【线上取点 1】工具：参考线—后衣长线，参考点—后衣长线与侧缝的交点，距离—0.5cm。

【自由曲线】工具：连接前后侧缝线。

搭门宽 1.5cm：

【任意点】工具：参考点—前中心线与前衣长线的交点，X 偏移量—1.5cm，Y 偏移量——0.5cm。

【射线】工具：以"任意点"为参考点垂直向上作一射线，即为搭门宽线。

【自由曲线】工具：连接前衣片底边线。注意侧缝位置是垂直的。

扣位点：

【线上取点 1】工具：参考线—前中心线，参考点—前中心线顶点，距离—1.3cm。

【线上取点 1】工具：参考线—前中心线，参考点—前中心线与前腰节线的交点，距离—8cm。

【等分线】工具：前两点之间分成四等分，如图 4-35 所示。

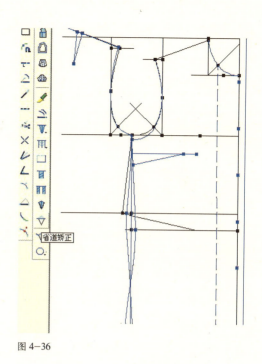

图 4-36

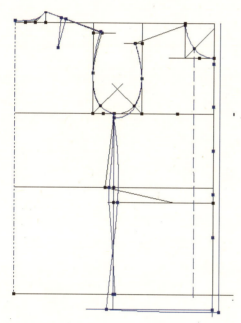

图 4-35

腋下省：

【射线】工具：沿 BP 点水平作一射线交于侧缝线。连接前省的两边线。

【线上取点 4】工具：参考线—前侧缝线，参考点—前侧缝线与 BP 点射线交点，参考距离—原型胸透量，方向—1，比例—1，增量— -1cm。

【线上取点 1】工具：参考线—BP 点射线，参考点—BP 点，距离—3cm。

【射线】工具：连接两点，如图 4-36 所示。

【选择结构图点线】工具：将侧缝位置多余的线删除，如图 4-37 所示。

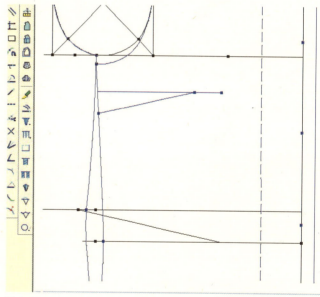

图 4-37

省道较正：

【分割结构线】工具：请选择要分割的线—侧缝线，请选择分割线（点）—侧缝线与前腰节线的交点，空格确认。

【省道较正】工具：请选择开省的线—前侧缝曲线，如图 4-38 所示。

请选择倒向侧省边（不动边）—上省边，如图 4-39 所示。

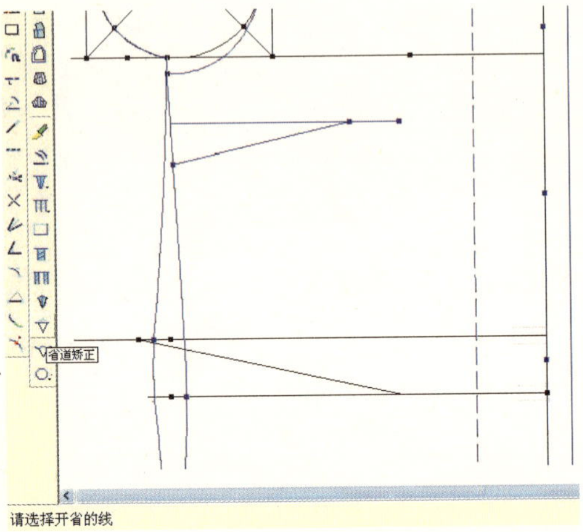

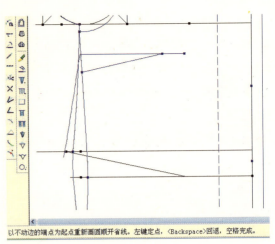

图 4-41

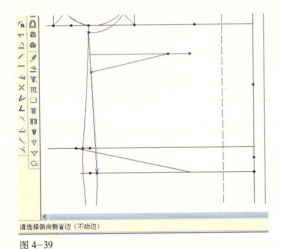

图 4-38

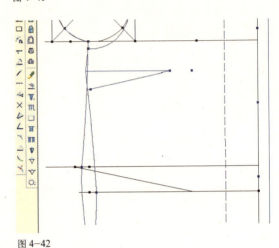

图 4-42

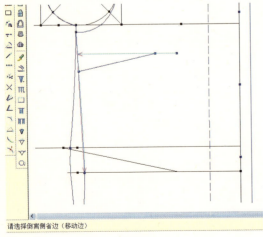

图 4-39

请选择倒离侧省边（移动边）—下省边，如图 4-40 所示。

以不动边的端点为起点重新画圆顺开省线，左键定点，如图 4-41、图 4-42 所示。

领围调整：

【线裁整】工具：参考线—前领弧线，参考点—搭门线，空格确认，如图 4-43。

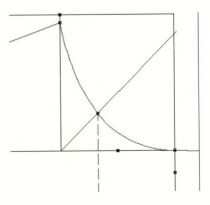

图 4-43

图 4-40

领：

【射线】工具：作两条相互垂直的射线。

【线上取点1】工具：参考线—竖直线，参考点—垂线的交点，距离—2.5cm。

【线上取点1】工具：参考线—竖直线，参考点—2.5cm点，距离—3cm。

【射线】工具：2.5cm点水平作一条射线。

【线上取点4】工具：参考线—2.5cm水平射线，参考点—竖线与2.5cm射线交点，参考曲线—后领弧线长，方向—1，比例—1，增量—0cm。

【线上取点4】工具：参考线—水平射线，参考点—后领弧长点，参考曲线—前领弧线长（不含搭门宽），方向—1，比例—1，增量—0cm。

【等分线】工具：参考线—前领弧线长，等分数—3，如图4-44所示。

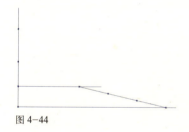

图4-44

翻折线：

【自由曲线】工具：沿3cm点将领的翻折线连接至前领底。

前领宽7cm：

【线上取点1】工具：参考线—前领口线，参考点—前领口顶点，距离—7cm。

【射线】工具：4cm点水平作一条射线交于垂线上，从该交点连接7cm点。

【垂线】工具：分别在前后领长点作翻折线的垂线和前领弧长线的垂线。

【垂线】工具：在前领长的三分之一点凸起0.5cm。

【自由曲线】工具：将领的内、外口线连接圆顺，如图4-45所示。

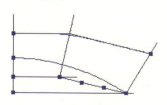 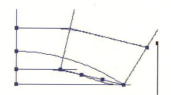

图4-45

将领中线改为翻折线，如图4-46所示。

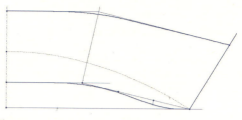

图4-46

袖：

将原型袖删除，只留相互垂直的两条射线。

求出袖窿弧、前袖窿弧、后袖窿弧长度。

【测量弧长】工具：请选择要测量的直线或曲线—前袖窿弧线，请选择曲线上需要测量的第一点—肩端点，请选择曲线上需要测量的第二点—袖窿深线与测缝线交点，按空格确认，如图4-47～图4-51所示。

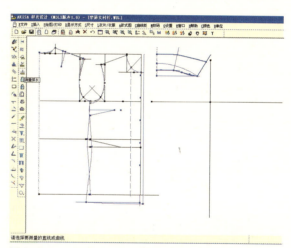

图4-47

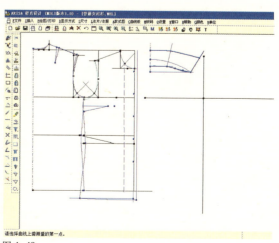

图4-48

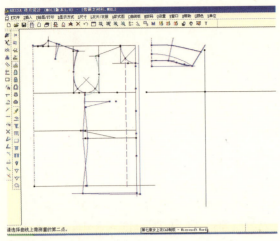

图 4-49

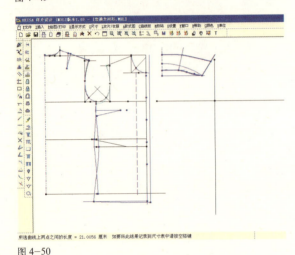

图 4-50

在小键盘上选择前袖窿弧线。空格确认。

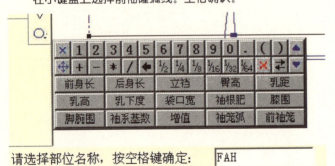

请选择部位名称，按空格键确定： FAH

图 4-51

同样方法，测量后袖窿弧线长，则尺寸如表 4-4 所示。

普通女衬衫内部尺寸表（一）　　表 4-4

码号	衣长 (cm)	袖长 (cm)	背长 (cm)	净胸围 (cm)	腕围 (cm)	前袖笼 (cm)	后袖笼 (cm)
155/80A	60.5	50.5	37	80	19	20.275	20.716
160/84A	62.5	52	38	84	20	21.005	21.464
165/88A	64.5	53.5	39	88	21	21.733	22.236

将袖窿弧长加入尺寸表中：

选择宏命令—测袖窿，如图 4-52～图 4-55 所示。

图 4-52

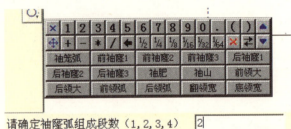

请确定袖笼弧组成段数（1,2,3,4） 2

图 4-53

请选择袖窿弧1

图 4-54

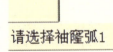

图 4-55

打开尺寸表，即可看到"袖窿弧"的尺寸被自动加入到尺寸表中，如表 4-5 所示。

普通女衬衫内部尺寸表（二）　　表 4-5

码号	衣长(cm)	袖长(cm)	背长(cm)	净胸围(cm)	腕围(cm)	前袖笼(cm)	后袖笼(cm)	袖笼弧(cm)
155/80A	60.5	50.5	37	80	19	20.275	20.716	41
160/84A	62.5	52	38	84	20	21.005	21.464	42.47
165/88A	64.5	53.5	39	88	21	21.733	22.236	43.97

袖山高：

【线上取点1】工具：参考线—袖中线，参考点—袖中线与袖肥线交点，距离—AH/4。

前袖山坡线：

【线上取点4】工具：参考线—袖肥线，参考点—袖山高点，点空，方向—1，比例—1，增量—前袖窿弧长，如图 4-56 所示。

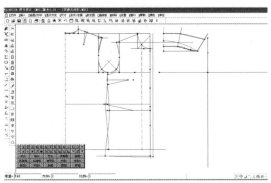

图 4-56

【线上取点4】工具：参考线—袖肥线，参考点—袖山高点，点空，方向—0，比例—1，增量—后袖窿弧长。

【射线】工具：连接前后袖山坡线。

【射线】工具：连接袖缝线，如图 4-57 所示。

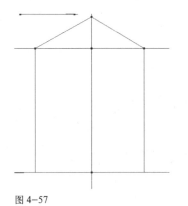

图 4-57

【等分线】工具：将前袖山坡线四等分，后袖山坡线三等分。

【垂线】工具：在前袖山坡线上第一等分点凸起 1.3cm，第三等分点凹进 1cm，在后袖山坡线上，第一等分点凸起 1.1cm。

【自由曲线】工具：将袖山弧线连接圆顺，如图 4-58 所示。

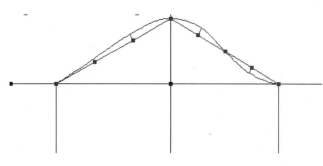

图 4-58

【线上取点1】工具：参考线—袖口肥线，参考点—袖口肥线与袖缝交点，距离—2cm 或 -2cm。

【射线】工具：连接袖缝线。

【线上取点1】工具：参考线—袖肘线，参考点—袖肘线与袖缝交点，距离—0.7cm 或 -0.7cm。

【自由曲线】工具：将袖缝线连接圆顺，如图 4-59。

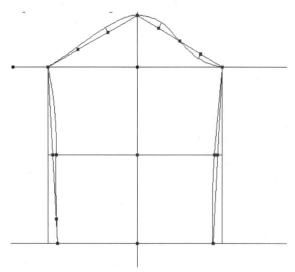

图 4-59

袖头：

【矩形】工具：宽—腕围+5+1.5，高—5cm，如图 4-60 所示。

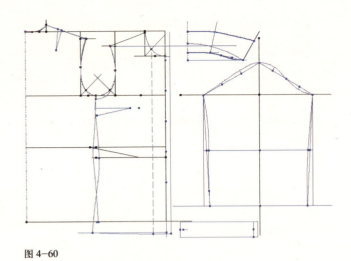

图 4-60

2. 登凹驳领女上衣

1)款式说明

这是一款可分别与裙子和裤子组合成套装的分体登凹驳领上衣。衣长按上体长写出（较长上衣稍短），衣身为破前后袖窿公主线的八片结构，由于袖窿公主线较靠近两侧，要另在前衣片适当收侧胸省。肩部装垫肩，分体登凹驳领（也称拿破仑领），前门襟单排三粒扣，袖子为两片套装袖，后袖口开衩并钉三粒装饰扣。

2)技术工艺标准和要求

以中间体号型 160/84A 为标准，制作标准版，选择适合的材质制作出成品，并满足成品工艺标准。

3)实训场所、工具、设备

服装 CAD 工作室、服装工艺工作室、剪刀等缝制设备；

面料：毛料、毛涤、棉、毛呢、麻及化纤等。

4)详细制版步骤

登凹驳领女上衣款式图如图 4-61 所示，尺寸表如表 4-6 所示。

图 4-61 登凹驳领女上衣款式图

表 4-6 登凹驳领女上衣内部尺寸表

码号	袖长(cm)	背长(cm)	净胸围(cm)	袖口(cm)	衣长(cm)	中腰(cm)
155/80A	50.5	37	80	23	60.5	18
160/84A	52	38	84	24	62.5	19
165/88A	53.5	39	88	25	64.5	20

登凹驳领女上衣结构图如图 4-62 所示。

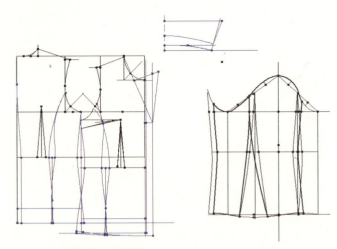

图 4-62 登凹驳领女上衣结构图

【M】表修改：袖窿深线下落 1cm，BP 点上提 1cm，胸围大线加大 2cm，前胸宽 +0.5cm，背宽 +0.3cm，如图 4-63 所示。

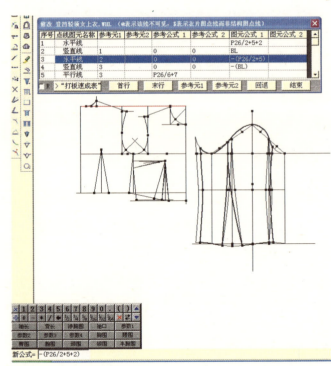

图 4-63

【M】表修改：后领宽 +1cm（注：同时前领宽也 +1cm，后落肩下落 0.3cm，前落肩下落 0.6cm）。后落肩上提 1cm 选择后落肩点，将参考公式 1 的 0 改为 −1−0.3。

前落肩上提 0.5cm，选择前落肩点，将参考公式 1 的 0 改为 −0.5−0.6，如图 4-64 所示。

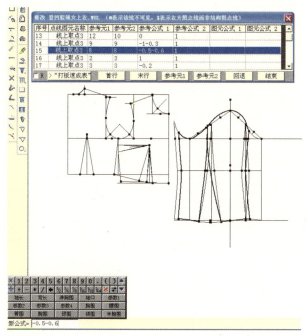

图 4-64

衣长线：

【任意点】工具：参考点—后背顶点，X 偏移量—0cm，Y 偏移量——衣长。

【线裁整】工具：请选择要裁整的线—后背中线，请选择第一切割线或割点—衣长点，空格确认。

【线裁整】工具：请选择要裁整的线—前中心线，请选择第一切割线或割点—衣长线，空格确认。

【延长线】工具：参考线—前中心线，长度—5cm。

【线上取点 4】工具：参考线—延长线，参考点—前中心线与衣长线交点，参考距离—胸透量，方向—0，比例—1，增量—0cm。

【射线】工具：水平作一射线，即为前衣长线。

【线裁整】工具：请选择要裁整的线—侧缝线，请选择第一切割线或割点—前衣长线，空格确认，如图 4-65 所示。

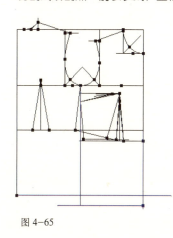

图 4-65

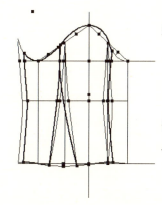

前门襟向外扩 0.5cm：

【任意点】工具：参考点—前中心线与前片衣长线交点，X 偏移量—0.5cm。

【射线】工具：0.5cm 点作一竖直线，为前中心线。

【任意点】工具：参考点—0.5cm 点，X 偏移量—2.5cm，Y 偏移量——1cm。

【射线】工具：作一竖直线，为前止口线。

臀围线：

【线上取点 1】工具：参考线—后背中心线，参考点—后腰节线与后中心线的交点，距离—中腰，如图 4-66 所示。

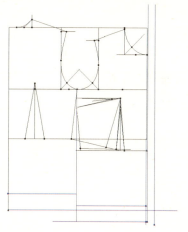

图 4-66

前片公主线：

前片底边外扩 2cm。

【线上取点 1】工具：参考线—前片底边线，参考点—侧缝线与前衣长线的交点，距离—2cm。

前片袖窿开省点

【线上取点 1】工具：参考线—袖窿线，参考点—肩端点，距离—14cm。

中腰省中心点距原省中心点 6cm：

【线上取点 1】工具：参考线—前片中腰线，参考点—原型 BP 点与中腰线交点，距离—6cm。

【自由曲线】工具：连接前底边线。

【射线】工具：连接中腰省中心点至前片底边曲线。

【线上取点 4】工具：参考线—底边曲线，参考点—中腰省中心线与底边曲线的交点，点空，方向—2，比例—1，增量—0.5cm。

【两线求交】工具：求出该线与前臀围线的交点。

【线上取点 1】工具：从该交点向上 4cm。

【线上取点4】工具：参考线—前中腰线，参考点—6cm点，参考距离—原型中腰省宽，方向—2，比例—0.5，增量—0cm。

【自由曲线】工具：连接中腰省线。

省道转移

【两线求交】工具：求出腋下片省线与原型腋下省的交点。

【分割结构线】工具：将该交点断开。

【分割结构线】工具：将袖窿上14cm点及侧缝交点断开。

【选择结构图点线】工具：将前片腋下省上部选中，点击右键，选择【线靠线】工具，将腋下省合并。

【自由曲线】工具：重新连接中腰省线，前片侧缝线，如图4-67所示。

【两线求交】工具：求出该线与后臀围线的交点。

【线上取点1】工具：从该交点向上3cm。

【线上取点4】工具：参考线—后中腰线，参考点—4cm点，参考距离—原型中腰省宽，方向—2，比例—0.5，增量——0.5cm。

【自由曲线】工具：连接中腰省线。

侧缝线的修整：

【线上取点4】工具：参考线—前侧缝线，参考点—前侧缝腋下点，参考曲线—后侧缝线及后侧缝线长，方向—1，比例—1，增量—0cm。

修整前片底边线：

【自由曲线】工具：重新连接前片底边线，如图4-68所示。

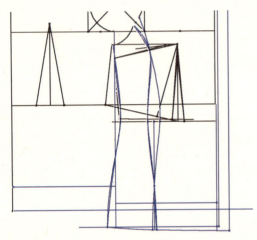

图4-67

删除侧缝多余的线：

后片公主线：

后片底边外扩1cm。

【线上取点1】工具：参考线—后片底边线，参考点—侧缝线与前衣长线的交点，距离—1cm。

前片袖窿开省点：

【线上取点1】工具：参考线—袖窿线，参考点—后片肩端点，距离—12cm。

中腰省中心点距原省中心点4cm：

【线上取点1】工具：参考线—前片中腰线，参考点—原型后腰省中心点，距离—4cm。

【射线】工具：连接中腰省中心点至后片底边线。

【线上取点4】工具：参考线—底边线，参考点—中腰省中心线与底边曲线的交点，点空，方向—2，比例—1，增量—0.3cm。

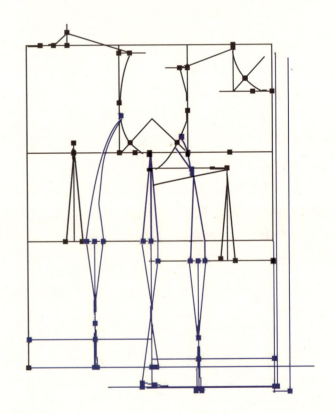

图4-68

后中缝线：

【线上取点1】工具：参考线—后片中腰线，参考点—后片中腰线与后中线交点，距离—1.5cm。

【线上取点1】工具：参考线—后片底边线，参考点—后片底边线与后中线交点，距离—1.5cm。

【自由曲线】工具：自背中点连接后片中缝线，如图4-69所示。

四、工作室教学第三单元——女上衣 CAD 制版

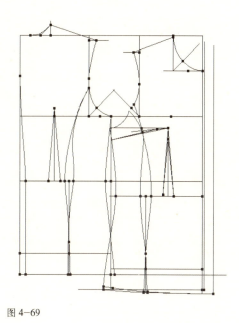

图 4-69

领：

【线上取点 1】工具：参考线—前中心线，参考点—袖窿深线与前中心线交点，距离——4cm。

【射线】工具：在 4cm 点水平作一射线，交于前搭门线。

【射线】工具：连接肩颈点与 4cm 点，即为翻驳线。

【线上取点 1】工具：参考线—前止口线，参考点—领深线与前止口线的交点，距离—2.5cm。

【两线求交】工具：参考线 1—翻驳线，参考线 2—领深线。

【射线】工具：连接交点与 2.5cm 点，为串口线。

【线上取点 1】工具：参考线—串口线，参考点—翻驳线与串口线的交点，距离—10cm。

【线裁整】工具：请选择要裁整的线—串口线，请选择第一切割线或割点—10cm 点，空格确认，如图 4-70 所示。

【射线】工具：作一十字垂直线。

【线上取点 1】工具：参考线—竖直线，距离—2、3.5、5.5cm 取三点。

【射线】工具：2cm 点作一水平直线。

该线上取后领弧长：

【线上取点 4】工具：参考线—2cm 射线，参考点—2cm 点，参考曲线—后领弧长，方向—1，比例—1，增量—0cm。

前领弧长：

【线上取点 4】工具：参考线—水平射线，参考点—后领弧长点，参考曲线—前领弧长，方向—1，比例—1，增量—0cm。

【垂线】工具：垂直于前领弧长线，作一 2.5cm 的射线。

【自由曲线】工具：连接 3.5cm 点与 2.5cm 垂线点（即为翻折线）。

【垂线】工具：垂直于翻折线，作一 10cm 的射线，交于 5.5cm 点的水平射线，如图 4-71 所示。

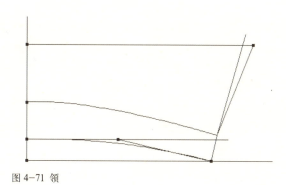

图 4-71 领

袖：

已自动修改，不必重做，最终结构图如图 4-72 所示。

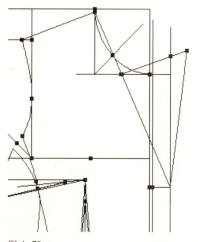

图 4-70

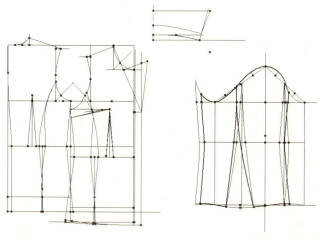

图 4-72

五、工作室教学第四单元——女连身装 CAD 制版

旗袍制版

原型上衣制版要求

1）款式说明

这是一款采用中式服装结构制作的现代中式旗袍，它与传统的中式旗袍已有很大的差异，除了中式立领、斜开襟、盘扣和两侧高开衩之外，其造型和结构已完全融入了西式服装的特征。裙长可平脚背，作为日常旗袍穿用时可以短一些，中式立领，斜开襟只到腋下，在侧缝中装拉链。收前后腰省和前侧缝省，侧缝分别收腰和收摆。袖子为袖口做曲线型和超短袖。

此款式用作礼服时，所有止口包括领子止口、斜开六襟、袖子、侧开衩及底摆等一般要做镶边。日常穿用时可以不作。

2）技术工艺标准和要求

以中间体号型 160/84A 为标准，要求线迹直挺，符合旗袍的工艺要求。

3）实训场所、工具、材料、设备

服装 CAD 工作室、服装工艺工作室、剪刀等缝制设备；

面料：丝绸、锦缎、绸缎、棉布等。

4）详细制版步骤

旗袍原型款式图如图 5-1 所示，尺寸如表 5-1 所示。

图 5-1 旗袍原型款式图

旗袍内部尺寸表　　　　　表 5-1

码号	袖长(cm)	背长(cm)	净胸围(cm)	衣长(cm)	中腰(cm)	净腰围(cm)	净臀围(cm)
155/80A	50.5	37	80	131	17	64	86.4
160/84A	52	38	84	133	18	68	90
165/88A	53.5	39	88	135	19	72	93.6

胸围放松量 6cm。

【M】表修改：袖窿深线上提 1cm，BP 点下落 1cm，胸围大线减 2cm，前胸宽减 0.4cm，背宽减 0.4cm，前后肩斜下落 0.5cm，如图 5-2 所示。

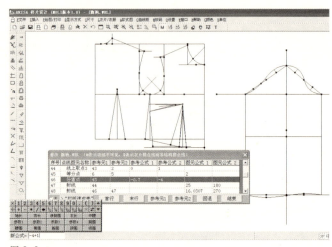

图 5-2

后颈点上提 0.5cm。

【任意点】工具：参考点—后背顶点，X 偏移量—0cm，Y 偏移量—0.5cm，如图 5-3 所示。

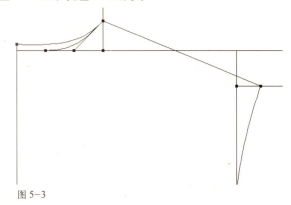

图 5-3

衣长线：

【任意点】工具：参考点—后背顶点，X 偏移量—0cm，Y 偏移量——衣长。

【线裁整】工具：请选择要裁整的线—后背中线，请选择第一切割线或割点—衣长点，空格确认。

【线裁整】工具：请选择要裁整的线—前中心线，请选择第一切割线或割点—衣长线，空格确认。

【延长线】工具：参考线—前中心线，长度—5cm。

【线上取点4】工具：参考线—延长线，参考点—前中心线与衣长线交点，参考距离—胸透量，方向—0，比例—1，增量—0cm。

【射线】工具：水平作一射线，即为前衣长线。

【线裁整】工具：请选择要裁整的线—侧缝线，请选择第一切割线或割点—前衣长线，空格确认。

将前片省线全部删除，重新做省，如图5-4所示。

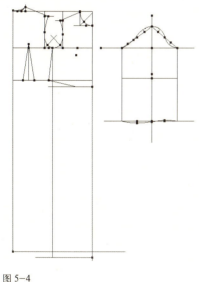

图5-4

前片侧缝省：

【线上取点1】工具：参考线—袖窿深线，参考点—前片腰节线与侧缝线的交点，距离—0.7cm。

【射线】工具：过0.7cm点作一竖直线，交于前片底边线上，即为新的侧缝线。

【线上取点1】工具：参考线—前片腰节线，参考点—前片腰节线与前中心线的交点，距离—净腰围/4+3（省）+0.5（放松量）+1（调解数）。

【线上取点1】工具：参考线—后片腰节线，参考点—后片腰节线与后中心线的交点，距离—净腰围/4+3（省）+1（放松量）-1（调解数）。

【自由曲线】工具：重新连接前、后侧缝曲线。

【线上取点1】工具：参考线—前片侧缝曲线，参考点—腋下点，距离—7cm。

【射线】工具：连接7cm点至BP点。

【线上取点4】工具：参考线—侧缝曲线，参考点—7cm点，参考距离—前片胸透量，方向—1，比例—1，增量—0cm，如图5-5所示。

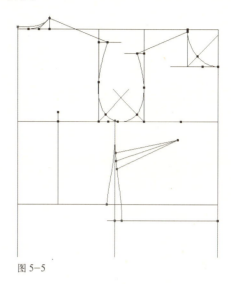

图5-5

臀围线：

【线上取点1】工具：参考线—前中心线，参考点—前片腰节线与前中心线的交点，距离—中腰。

【线上取点1】工具：参考线—背中线，参考点—后片腰节线与后中心线的交点，距离—中腰。

【射线】工具：自中腰点分别向侧缝线作水平射线。

臀围肥：

【线上取点1】工具：参考线—前片臀围线，参考点—前片腰节线与前中心线的交点，距离—臀围/4+0.5（松量）+1（调节数）。

【线上取点1】工具：参考线—后片臀围线，参考点—后片腰节线与后中心线的交点，距离—臀围/4+1（松量）-1（调节数），如图5-6所示。

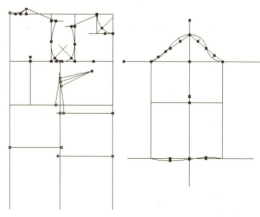

图5-6

【射线】工具：连接前臀围肥点至前片底边线。

【射线】工具：连接后臀围肥点至后片底边线。

【等分线】工具：将后片底边线分成四等分。

【线上取点4】工具：参考线—前片底边线，参考点—前片底边线与臀围肥线的交点，参考距离—后片底边的四分之一长，方向—0，比例—1，增量—0cm。

【自由曲线】工具：连接臀围肥点至底边四分之一点，如图 5-7 所示。

图 5-7

前侧缝省道调整：

【省道较正】工具：请选择开省的线—前片侧缝曲线，请选择倒向侧省边（不动边）—侧缝上省边，请选择倒离侧省边（移动边）—侧缝下省边，以不动边的端点为起点重新画圆顺开省线，如图 5-8～图 5-13 所示。

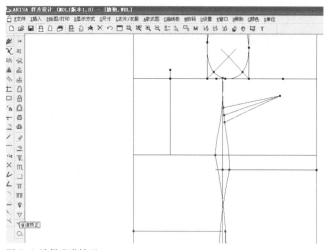

图 5-8 选择省道较正

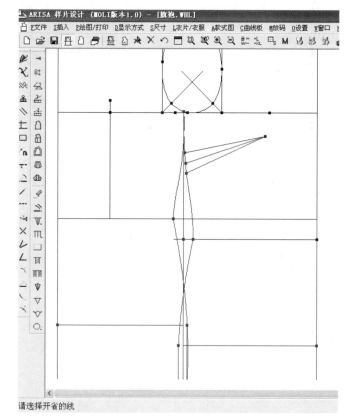

图 5-9 请选择开省的线

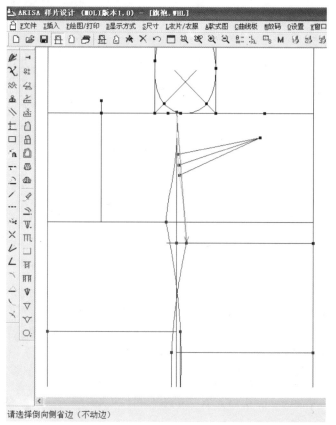

图 5-10 请选择倒向侧省边（不动边）

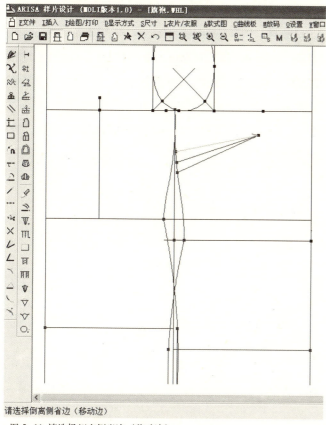

请选择倒离侧省边（移动边）

图 5-11 请选择倒离侧省边（移动边）

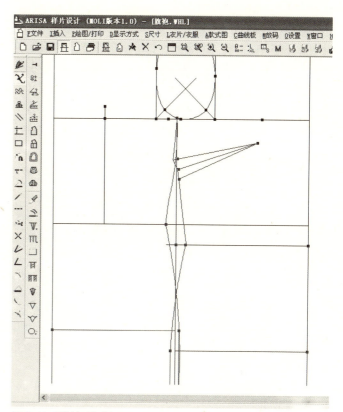

图 5-13 省道较正完成图

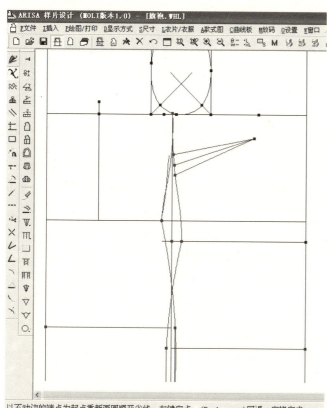

以不动边的端点为起点重新画圆顺开省线。左键定点，〈Backspace〉回退，空格完成。

图 5-12 以不动边的端点为起点

新画顺开省线。左键定点，空格完成。

前后片中腰省线：

【射线】工具：连接 BP 点至前片臀围线，交于前片中腰线。

【线上取点 1】工具：参考线—BP 点至臀围连线，参考点—BP 点，距离—2cm。

【线上取点 1】工具：参考线—BP 点至臀围连线，参考点—该线与臀围交点，距离—4cm。

【线上取点 4】工具：参考线—中腰线，参考点—中腰线与 BP 点垂线的交点，点空，方向—2，比例—1，增量—3/2。

【射线】工具：连接省道边线。

后片中腰省线：

【M】表：将原型后片省上省尖的 2cm 改为 3cm。

【线上取点 1】工具：参考线—省中线，参考点—省中线与后臀围线的交点，距离—3cm。

【线上取点 4】工具：参考线—中腰线，参考点—中腰线与 BP 点垂线的交点，点空，方向—2，比例—1，增量—3/2。

【射线】工具：连接省道边线，如图 5-14 所示。

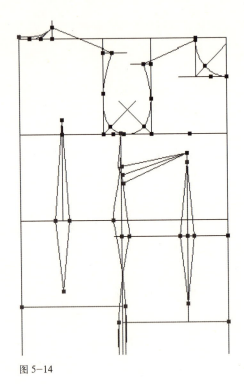

图 5-14

前片开襟：

【线上取点 1】工具：参考线—前片侧缝线，参考点—腋下点，距离—2cm。

【射线】工具：连接 2cm 点与前颈点。

【等分线】工具：将该线四等分。

【垂线】工具：将上 1/4 处向上 2cm，下 1/4 处向下 2cm。

【自由曲线】工具：将各点连接圆顺，如图 5-15 所示。

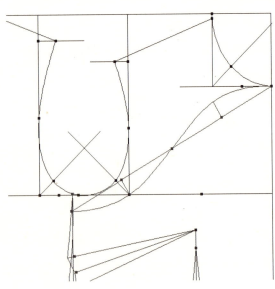

图 5-15

袖：

【M】表：将原型袖的袖山高增量—1cm 改为 0cm，前袖山坡线的增量 0cm 改为 0.7cm（侧缝线后移 0.7cm，因此前袖窿弧线比原型前袖窿弧线加长 0.7cm），后袖山坡线将增量 1cm 改为 0.5～0.7cm，后袖山弧线上 1/4 处从 1.5cm 改为 1.7cm，下 1/4 从 0.5cm 改为 1cm，袖中线长改为 30cm，如图 5-16 所示。

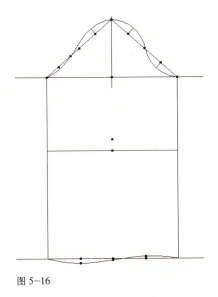

图 5-16

将袖的下半部分删除，如图 5-17 所示。

图 5-17

【线上取点 1】工具：参考线—袖山高线，参考点—袖山顶点，距离—9cm。

【垂线】工具：垂直于袖山弧线，长 2cm。

【自由曲线】工具：重新连接袖底边线，如图 5-18 所示。

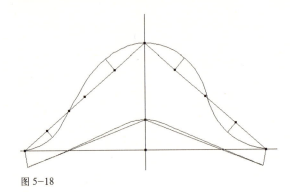

图 5-18

领：

【射线】工具：作两条相互垂直的线。

【线上取点4】工具：参考线—水平线，参考点—垂线交点，参考曲线—后领弧长，方向—1，比例—1，增量—0cm。

【线上取点4】工具：参考线—水平线，参考点—后领弧点，参考曲线—前领弧长，方向—1，比例—1，增量—0cm，如图5-19所示。

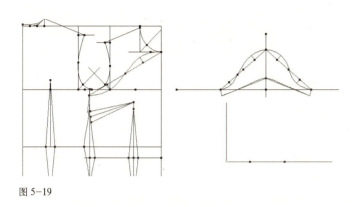

图5-19

【等分线】工具：将前、后领弧长之和，分成三等分。

【垂线】工具：垂直于前领长线，作一2cm的射线。

【射线】工具：连接2.5cm点至1/3cm点，如图5-20所示。

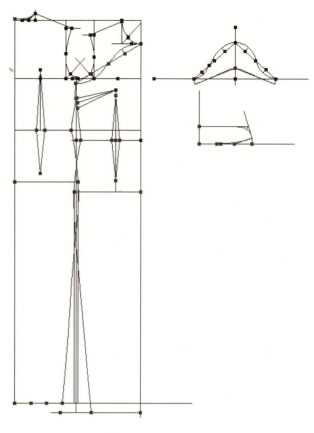

图5-21

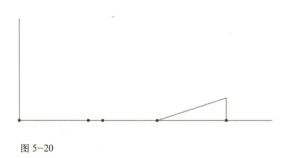

图5-20

【垂线】工具：垂直于该斜线，作一射线。

【线上取点1】工具：参考线—垂直线，参考点—两线交点，距离—6cm。

【射线】工具：水平作一射线。

【自由曲线】工具：连接上领口弧线，如图5-21所示。

六、工作室教学第五单元——男装 CAD 制版

（一）男原型上衣制版

1. 原型上衣制版要求

1）款式说明

男装原型采用日本文化原型为例，日本文化式原型是以人体上半身的胸围和背长两个参考尺寸为依据，并追加一定的松量进行制作的。上衣原型可作为男装西服制作的母版，可作为任何款式的基础版，上衣原型只是以胸围尺寸为主要依据，因为人体胸围尺寸的大小与上半身其他部位的尺寸，如颈围、胳膊、肩宽等的大小是成正比的。因此，以胸围尺寸为依据，再按比例计算出其他相应部位的尺寸，其对人体的适合度是很高的。

2）技术工艺标准和要求

以中间体号型 170/88A 为标准，制作一白匹布原型，要求线迹直挺。

3）实训场所、工具、材料、设备

服装 CAD 工作室、服装工艺工作室、白匹布、白轴线、剪刀等缝制设备。

4）详细制版步骤

男上衣原型结构图如图 6-1 所示，尺寸如表 6-1 所示。

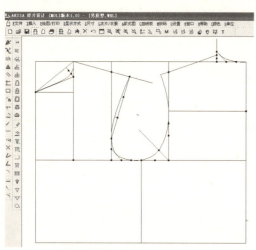

图 6-1 男上衣原型结构图

男上衣原型尺寸表　　　　　表 6-1

码号	袖长(cm)	背长(cm)	净胸围(cm)
165/84A	57	41.4	84
170/88A	58.5	42.5	88
175/92A	60	43.5	92

【矩形】工具：单击屏幕，宽度—净胸围/2+8；长度—背长。如图 4-3 所示。

袖窿深线：

【平行线】工具：参考线—上平线，距离—净胸围/6+8.5，如图 4-4 所示。

前胸宽：

【线上取点 1】工具：参考线—袖窿深线，参考点—袖窿深线与前中心线的交点，长度—净胸围/6+4。

背宽线：

【线上取点 1】工具：参考线—袖窿深线，参考点—袖窿深线与背中心线的交点，长度—净胸围/6+4.5。如图 4-5 所示。

【射线】工具：连接胸围宽点至上平线，连接背宽点至上平线。

【等分线】工具：参考线—袖窿深线，等分数—2。

【射线】工具：连接袖窿深线中点至下平线，如图 6-2 所示。

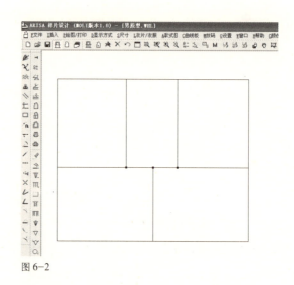

图 6-2

后领宽线：

【线上取点 1】工具：参考线—上平线，参考点—后颈点，长度—净胸围/12。

【射线】工具：由后领宽点向上作一 6cm 射线，为后领深线。

【等分线】工具：将后领宽三等分。

后领深线:

【线上取点4】工具:参考线—后领深线,参考点—后领宽点,参考距离—后领宽的三分之一,方向—1,比例—1,增量—0cm。

【射线】工具:连接后领深点至后领宽三分之一点。

前领宽线:

【等分线】工具:将前胸宽二等分。

【射线】工具:连接1/2点至上平线,即为前领宽。

前领深线:

【线上取点4】工具:参考线—前中心线,参考点—前中心线与上平线的交点,参考距离—后领宽,方向—0,比例—1,增量—0cm。

【射线】工具:连接领深的1/2至前颈点。

【射线】工具:连接肩颈点至前颈点,如图6-3所示。

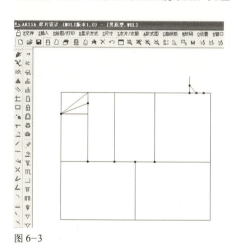

图6-3

前领窝:

【垂线】工具:领深的1/2处作肩颈点与前颈点连线的垂线。

【等分线】工具:将垂线三等分。

【自由曲线】工具:按图过垂线1/3点画圆顺,如图6-4所示。

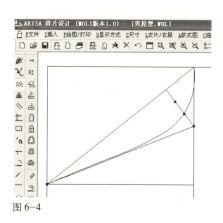

图6-4

后领窝:

【自由曲线】工具:按图画圆顺,如图6-5所示。

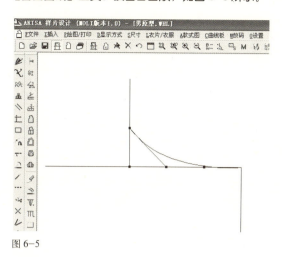

图6-5

后肩线:

【线上取点4】工具:参考线—背宽线,参考点—背宽线与上平线的交点,参考距离—后领宽的三分之一,方向—0,比例—1,增量—0cm。

【等分线】工具:将垂线后领深三等分。

【射线】工具:连接后领深的1/3点至落肩点。

【延长线】工具:顺势延长2cm,如图6-6所示。

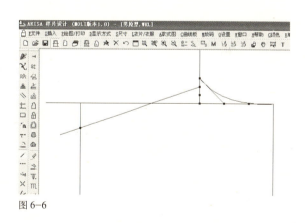

图6-6

前肩线:

【线上取点4】工具:参考线—前胸宽线,参考点—前胸宽线与上平线的交点,参考距离—后领宽的三分之一,方向—0,比例—1,增量—0cm。

【射线】工具:连接肩颈点至落肩点。

【延长线】工具:顺势延长10cm。

【线上取点4】工具:参考线—延长线,参考点—前肩颈点,参考距离—后肩宽,方向—0,比例—1,增量——0.7cm,如图6-7所示。

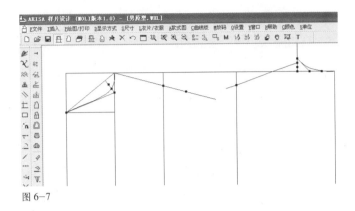

图 6-7

袖窿弧线：

【等分线】工具：将后颈点至袖窿深线两等分。

【射线】工具：连接等分点至背宽线，为背宽横线。

【等分线】工具：将背宽线在后背宽横线以下二等分，再将上 1/2 部分二等分。

【等分线】工具：将后袖窿宽两等分。

【等分线】工具：将前袖窿宽三等分。

【线上取点 1】工具：参考线—前胸宽线，参考点—前胸宽线与袖窿深线的交点，长度—5cm。

【等分线】工具：将 5cm 二等分。

【射线】工具：连接等分点至前袖窿宽的 1/3 处。

【射线】工具：连接 5cm 点至前肩颈点。

【等分线】工具：将该线三等分。

【垂线】工具：在该线的 2/3 处进 0.7cm 定点。

【角平分线】工具：求出后窿门的角分线。空格确认。

【线上取点 4】工具：参考线—后窿门宽角分线，参考点—后窿门宽顶点，参考距离—后窿门宽二分之一，方向—1，比例—1，增量—0cm。

【自由曲线】工具：根据各参考点按图画圆顺曲线，如图 6-8 所示。

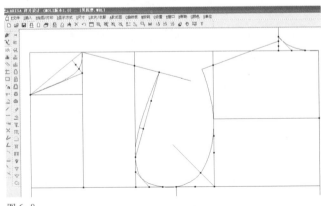

图 6-8

肩曲线：

【自由曲线】工具：根据各参考点按图画圆顺曲线，如图 6-9 所示。

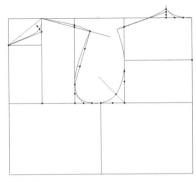

图 6-9

（二）男装款式的变化与制版

1. 男西服制版

1）款式说明

这是一款单排两粒扣平驳领圆摆西服。这是男西服的基本造型，作为日常的西服被广泛穿用。衣身为六片结构，平驳领，单排两粒扣，圆摆，左胸手巾挖袋，前腰下两个双嵌线带盖挖袋，前腰做省，袖子为两片西服袖，袖口开衩并缝三至四粒装饰扣。

2）技术工艺标准和要求

以中间体号型 170/88A 为标准，制作标准版，选择适合的材质制作出成品，并满足成品工艺标准。

3）实训场所、工具、设备

服装 CAD 工作室、服装工艺工作室，剪刀等缝制设备；

面料：作为日常西服，可选择各种颜色的精纺毛料、毛涤混纺、化纤及仿毛面料。

4）详细制版步骤

男西服款式图如图 6-10 所示。

图 6-10 男西服款式图

男西装尺寸如表 6-2 所示。

男西装尺寸表

表 6-2

码号	袖长（cm）	背长（cm）	净胸围（cm）	衣长（cm）	袖口（cm）	翻领宽（cm）	底领宽（cm）	袋口大（cm）	袋口大（cm）
165/84A	59	41.4	84	73	14	3.5	2.5	10.4	14.8
170/88A	60.5	42.5	88	75	14.5	3.5	2.5	10.5	14.5
175/92A	62	43.5	92	77	15	3.5	2.5	10.6	14.2

结构设计步骤：

【M】表修改：袖窿深线下落 1.5cm，胸围大线加大 2cm，背宽 +1.5cm，如图 6-11 所示。

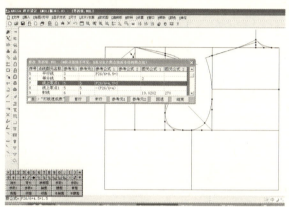

图 6-11

衣长线：

【任意点】工具：参考点—后背顶点，X 偏移量—0，Y 偏移量——衣长。

【线裁整】工具：请选择要裁整的线—后背中线，请选择第一切割线或割点—衣长点，空格确认。

【任意点】工具：参考点—前中心线顶点，X 偏移量—0cm，Y 偏移量——衣长。

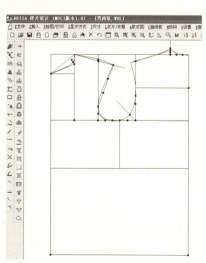

图 6-12

【线裁整】工具：请选择要裁整的线—前中心线，请选择第一切割线或割点—衣长线，空格确认。

【射线】工具：连接两点，即为衣长线，如图 6-12 所示。

臀围线：

【等分线】工具：将腰围下部分三等分。

【射线】工具：在 2/3 点作一水平射线，为臀围线。

背中曲线：

【线上取点1】工具：参考线—后背中心线，参考点—后颈点，距离—10cm。

【线上取点1】工具：参考线—中腰线，参考点—背中线与中腰线交点，距离—2.5cm。

【线上取点1】工具：参考线—底边线，参考点—背中线与底边线交点，距离—3.5cm。

【自由曲线】工具：连接各点至底边线，如图 6-13 所示。

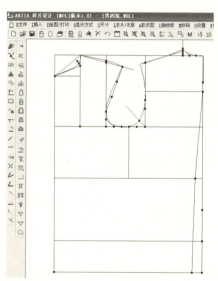

图 6-13

中片：

【线裁整】工具：请选择要裁整的线—背宽线，请选择第一切割线或割点—衣长线，空格确认。

【线上取点4】工具：参考线—袖窿曲线，参考点—a 点，参考距离 ab，方向—1，比例—1，增量—0cm。

【线上取点1】工具：参考线—后片中腰线，参考点—背中缝线与中腰线的交点，距离——1.5cm。

【线上取点1】工具：参考线—背宽线，参考点—背宽线与底边线的交点，距离——0.5cm。

【自由曲线】工具：连接各点。

【线上取点1】工具：参考线—后片中腰线，参考点—背宽线与中腰线的交点，距离—2cm。

【自由曲线】工具：连接各点，如图6-14。

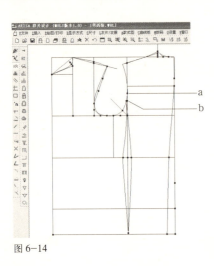

图6-14

前片底边线：

【任意点】工具：参考点—前中心线与中腰线交点，X偏移量——2.5cm，Y偏移量—0cm。

【射线】工具：过2.5cm点做一垂直线至底边线，平行于前中心线，形成前止口线。

【线上取点1】工具：参考线—前中心线，参考点—前中心线与中腰线交点，距离—8cm。

【射线】工具：连接8cm点交于前止口线。

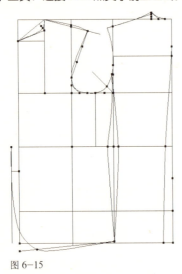

图6-15

【线上取点1】工具：参考线—前片底边线，参考点—2.5cm点，距离—6cm。

【自由曲线】工具：连接各点，形成前片底边线，如图6-15所示。

【任意点】工具：参考点—前中心线与底边线交点，X偏移量—0cm，Y偏移量——2.5cm。

【射线】工具：连接2.5cm点至后侧缝0.5cm点，形成前衣长线。

【线裁整】工具：请选择要裁整的线—胸宽线，请选择第一切割线或割点—前衣片底边线，空格确认。

【线上取点4】工具：参考线—袖窿深线，参考点—袖窿深线与前胸宽线交点，参考距离——4cm，方向—0，比例—1，增量—0cm。

【两线求交】工具：求出前胸宽线与腰围线的交点。

【线上取点1】工具：参考线—腰围线，参考点—前胸宽线与中腰线交点，距离—2.5cm。

【线上取点1】工具：参考线—前片底边线，参考点—前胸宽线与底边线交点，距离—3.5cm。

【自由曲线】工具：连接各点，形成前片侧缝线，如图6-16所示。

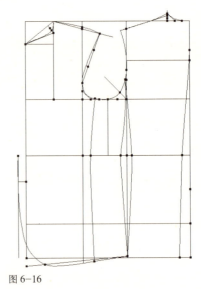

图6-16

【线上取点1】工具：参考线—中腰线，参考点—前片侧缝线与中腰线的交点，距离—1cm。

【线上取点1】工具：参考线—前片底边线，参考点—前片侧缝线与前片底边线的交点，距离——2.5cm。

【自由曲线】工具：连接各点，形成中片前侧缝线，如图6-17所示。

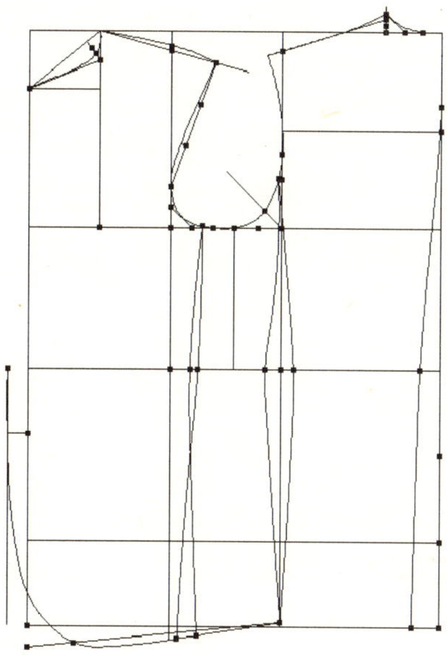

图 6-17

上、下衣袋：

【垂线】工具：请选择参考直线—前片衣长线（射线），角度—0°，作一平行于衣长的射线，交于前片侧缝线上，即为下袋位线。

【两线求交】工具：前片侧缝线与袋位线的交点，如图 6-18 所示。

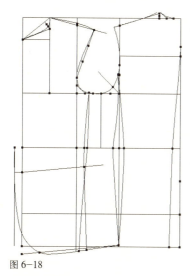

图 6-18

【任意点】工具：参考点—前胸宽线与袖窿深线交点，X 偏移量——2.5cm，Y 偏移量—0cm（此时不用【线上取点 1】工具，这样求出的点不受袖窿深线的限制，如袖窿深线下降 2cm，在【M】表中选择此点将 Y 值从 0cm 改成 2cm 即可）。

【射线】工具：点击 2.5cm 点，单击【F5】，线长—袋口大 1cm，角度—185°（即形成一条与袖窿深线相夹 5°夹角的射线）。

【射线】工具：点击该线端点，向上作一长 2.5cm 射线。

【射线】工具：连接袋位上口线，如图 6-19 所示。

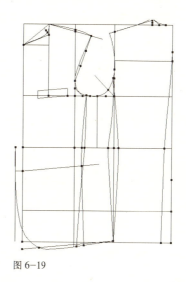

图 6-19

【等分线】工具：参考线—上衣袋下口线，等分数—2。

【任意点】工具：参考点—上口袋中点，X 偏移量—0cm，Y 偏移量——5cm。

【射线】工具：连接 5cm 点至下袋位线。

【线上取点 4】工具：参考线—下袋位线，参考点—下袋位线与 5cm 垂线交点，点空，方向—2，比例—1，增量—0.5cm。

【射线】工具：连接 0.5cm 省点至中腰线，再连接到 5cm 点，即求出袋位省。

【线上取点 1】工具：参考线—下袋位线，参考点—袋位省前端点，距离——1.5cm。

【线上取点 1】工具：参考线—下袋位线，参考点—1.5cm 点，距离—袋口大 2cm。

【射线】工具：分别在袋口大 2cm 的两个端点向下作 5cm 长的垂线。

【任意点】工具：参考点—下口袋侧缝端点，X 偏移量—0.5cm，Y 偏移量—0cm。

【角度测量】工具：测出这两条线夹角 5.71°，将该斜线清除，打开【M】表，将原兜口边线的夹角加上该角度，即将该兜侧边偏移了 0.5cm 的量，如图 6-20 所示。

【射线】工具：连接袋位下口线，如图 6-21 所示。

【拉圆角】工具：选择袋位侧边线，如图 6-22 所示。

选择袋口底边线，如图 6-23 所示。

线长—5cm，如图 6-24 所示。

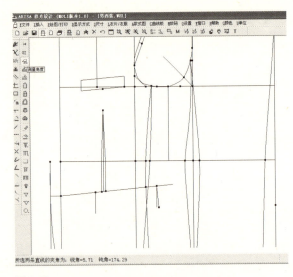

图 6-20

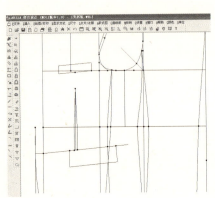

图 6-21

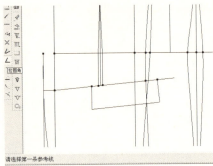

图 6-22

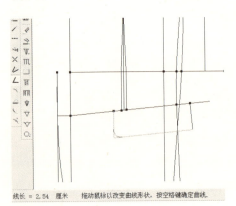

图 6-23

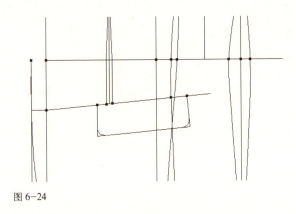

图 6-24

加一 0.8cm 的肚省。

【任意点】 工具：参考点—前片侧缝线与底边线交点，X 偏移量—0cm，Y 偏移量——0.8cm。

【自由曲线】 工具：重新连接底边线。

【线裁整】 工具：请选择要裁整的线—前片侧缝线，请选择第一切割线或割点—0.8cm 点，空格确认，如图 6-25 所示。

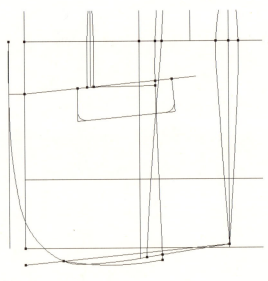

图 6-25

领：

【线上取点 1】 工具：参考线—肩斜线，参考点—肩颈点，距离——2cm。

【射线】 工具：连接 2cm 点至前止口 2.5cm 点，即为翻驳线。

【延长线】 工具：参考线—翻驳线，长度—15cm，如图 6-26 所示。

【平行线】 工具：参考线—翻驳线，距离—8cm（驳头宽 8cm），如图 6-27 所示。

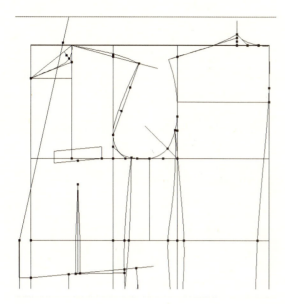

图 6-26

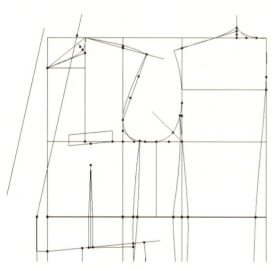

图 6-27

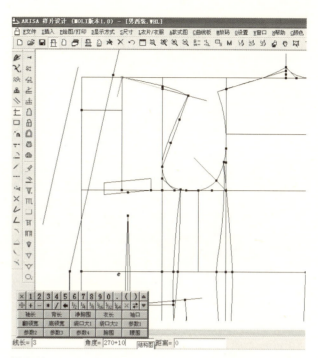

图 6-28

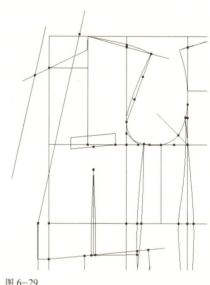

图 6-29

【选择结构图点线】工具：删除原型领弧。

【垂线】工具：作前小肩垂线，长度—3cm（2～4cm之间），角度为270°，变成270°+10°（使该线与肩斜线的夹角为80°），即为领深线，如图6-28所示。

【射线】工具：从领深点，过前颈点交于驳头宽线上，即为串口线。

【两线求交】工具：求出串口线与驳头宽线的交点，如图6-29所示。

【线上取点1】工具：参考线—串口线，参考点—串口线与驳头宽的交点，距离——4m。

【任意点】工具：参考点—串口线与驳头宽线交点，X偏移量—0cm，Y偏移量—0.3cm。

【射线】工具：连接0.3cm与4cm点。

【垂线】工具：在4cm点作串口线的垂线，长度—3.3cm，角度为270°，变成270°+10°（使该线与串口线的夹角为80°），即为领深线，如图6-30所示。

省合并。删除侧缝多余的线：

【垂线】工具：请选择参考线—翻驳线，请选择参考点—肩颈点，角度—180°。

【线上取点4】工具：参考线—肩颈点平行线，参考点—肩颈点，参考曲线—后领窝线长，方向—1，比例—1，增量—0cm，如图6-31所示。

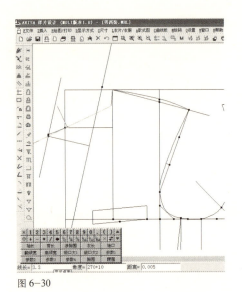

图 6-30

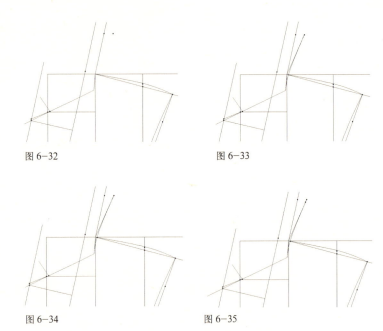

图 6-32　　　　　图 6-33

图 6-34　　　　　图 6-35

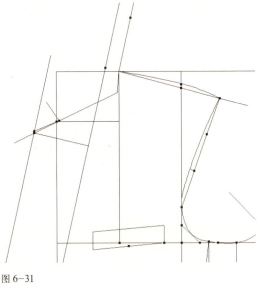

图 6-31

【垂线】工具：请选择参考线—领底边线，请选择参考点—后领弧长点，线长—翻领宽+底领宽，角度—270°，如图 6-36 所示。

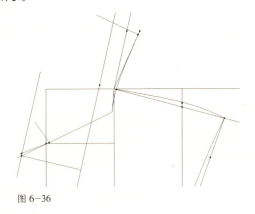

图 6-36

领倒伏量：

【任意点】工具：参考点—串口线与驳头宽线交点，X 偏移量—0.7cm，Y 偏移量—0cm，如图 6-32 所示。

【射线】工具：连接倒伏量点至肩颈点。

【自由曲线】工具：连接领底线，如图 6-33 所示。

【线上取点 4】工具：参考线—领底边线，参考点—领深点，参考距离—领深，方向—0，比例—1，增量—0cm（该点在领上，是领与肩颈对位点），如图 6-34 所示。

【线上取点 4】工具：参考线—领底边线，参考点—领与肩颈对位点，参考距离—后领弧线，方向—0，比例—1，增量—0cm，如图 6-35 所示。

【垂线】工具：请选择参考线—翻领宽+底领宽线，请选择参考点—翻领宽+底领宽线长端点，线长—翻领宽+底领宽，角度—90°。

【自由曲线】工具：沿垂线连接领外口线，如图 6-37 所示。

【自由曲线】工具：连接止口线，如图 6-38 所示。

领面的制作：

【选择结构图点线】工具：选择领子，复制，拖动平移出一个领子。

【线上取点 1】工具：参考线—领中线，参考点—领底边线与中线交点，距离—底领宽。

【两线求交】工具：求出串口线与翻驳线的交点，如图 6-39 所示。

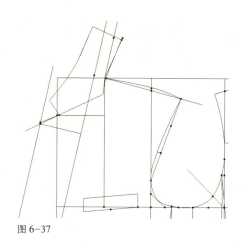

图 6-37

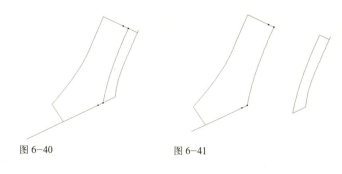

图 6-40　　　　图 6-41

【选择宏命令】工具：西服领叠量，如图 6-42 所示。

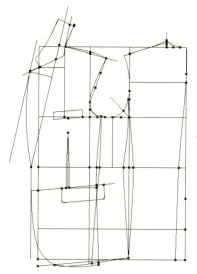

图 6-38

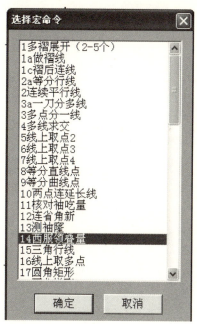

图 6-42

【请选择叠短的边】—选择翻领下口边，如图 6-43 所示。
【请选择叠短的边】—选择翻领下口边，如图 6-44 所示。

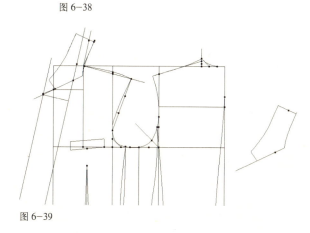

图 6-39

【线上取点 1】工具：参考线—领中线，参考点—底领宽点，距离—0.9cm（0.8～1cm）。

【线上取点 1】工具：参考线—串口线，参考点—串口线与翻驳线交点，距离—0.9cm（0.8～1cm）。

【自由曲线】工具：连接两点，如图 6-40 所示。

【分割结构线】工具：将 0.9cm 点断开。再拖动平移，将翻领与底领分开，如图 6-41 所示。

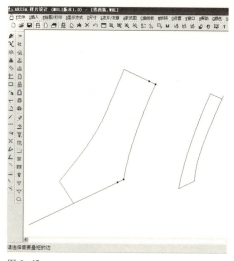

图 6-43

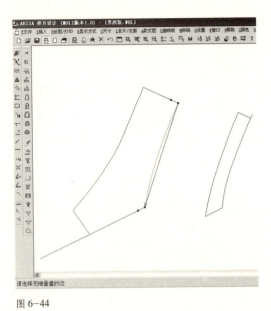

图 6-44

【请输入总缩叠量】—1cm，如图 6-45 所示。

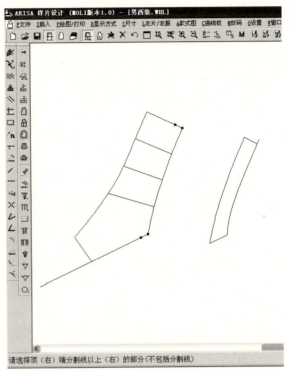

图 6-46

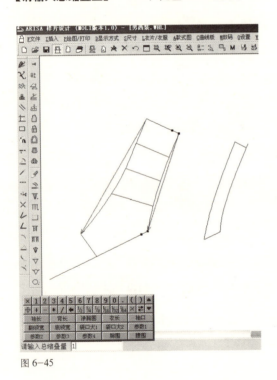

图 6-45

【请选择顶(右)端分割线以上(右)的部分(不包括分割线)】如图 6-46 所示。

选择翻领上端的三条线，如图 6-47 所示，空格确认，翻领底边线自然缩进 1cm，形成弯形。

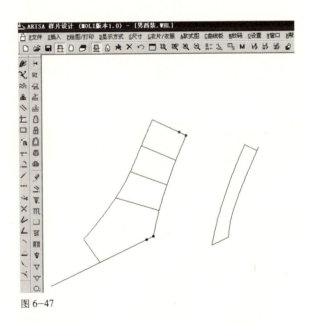

图 6-47

选择【宏命令】工具：西服领叠量，作底领缩量。

请选择叠短的边—选择底领上口边，如图 6-48 所示。

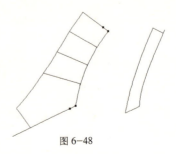

图 6-48

请选择叠短的边—选择底领下口边，如图6-49所示。输入总缩量—1cm，如图6-50所示。

【选择结构图点线】工具：将翻领与底领领面选择，按住**【Ctrl】**键复制对称，形成完整的翻领领面与底领领面，如图6-53、图6-54所示。

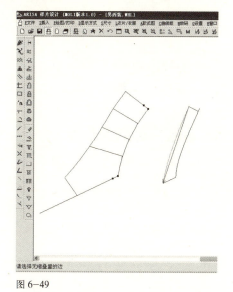

图6-49

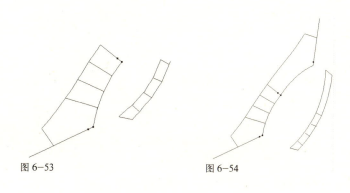

图6-53　　　　　　图6-54

【线上取点4】工具：参照衣身领窝，将底领的对位点加上，如图6-55所示。

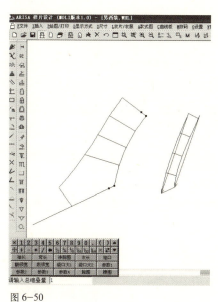

图6-50

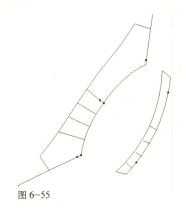

图6-55

袖：

【射线】工具：在袖窿的位置，如图6-56作一水平射线，交于袖窿线两点，这两点为袖窿的上袖对位点。

【两线求交】工具：求出背宽横线与袖窿弧线的交点，如图6-56所示。

【请选择顶（右）端分割线以上（右）的部分（不包括分割线）】选择下面的三条线，空格确认，如图6-51、图6-52所示。

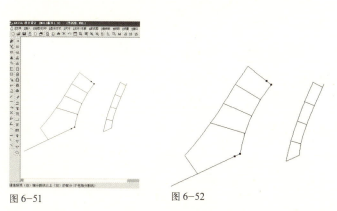

图6-51　　　　　图6-52

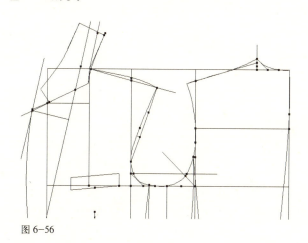

图6-56

【选择结构图点线】工具：将袖窿弧线、前胸宽线、背宽线及对位点复制水平平移50cm，如图6-57所示。

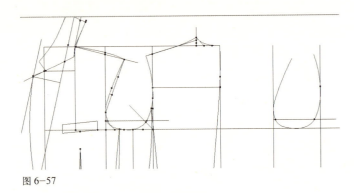

图6-57

【射线】工具：连接前后肩端点。

【等分线】工具：参考线—肩端点连线，等分数—2。

【射线】工具：肩端点连线的中点，作一水平射线，该线到袖窿深线的距离设为h。

【两线求交】工具：求出该线与背宽线的交点。

【两线求交】工具：求出袖窿深线与背宽线的交点，如图6-58所示。

图6-58

袖山高：

【线上取点4】工具：参考线—背宽线，参考点—背宽线与袖窿深线的交点，参考距离—h，方向—1，比例—0.83，增量—0cm，如图6-59所示。

【射线】工具：袖山高点作一水平射线。

【射线】工具：背宽横线点作一水平射线，如图6-60所示。

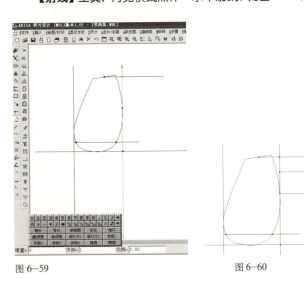

图6-59　　　　图6-60

袖肥：

【线上取点4】工具：参考线—背宽横线，参考点—袖里缝对位点，参考曲线—袖窿弧线长，方向—1，比例—0.5，增量—-3.5cm。

【射线】工具：连接袖肥点与袖里缝对位点。

【射线】工具：由袖肥点连到袖山高线上，在袖山高线上形成一交点，如图6-61所示。

【射线】工具：将袖山高线连接到前胸宽线，形成一交点。

【等分线】工具：在袖山高线上，求出这两交点的中点，如图6-62所示。

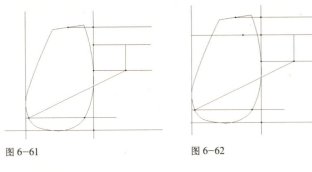

图6-61　　　　图6-62

袖山顶点：

【线上取点1】工具：参考线—袖山高线，参考点—袖山高线中点，距离——2cm，如图6-63所示。

【线上取点1】工具：参考线—前胸宽线，参考点—袖山高线与前胸宽线的交点，距离——袖长。

【射线】工具：将袖山高顶点与袖长线连接，如图6-64所示。

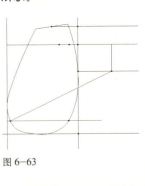

图6-63

【射线】工具：连接背宽横线至前胸宽。

【两线求交】工具：求出该线与前胸宽线及袖长斜线的交点。

【等分线】工具：求出两交点的中点，如图6-65所示。

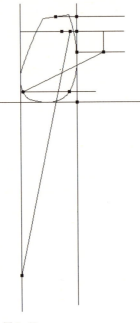

图6-64

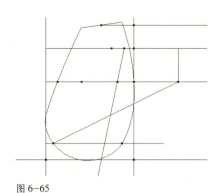

图6-65

【线上取点1】工具:参考线—背宽横线,参考点—背宽横线的中点,距离—1cm。

【射线】工具:连接1cm点至袖山顶点,连接1cm点至前袖缝对位点,连接袖山顶点至袖肥点,如图6-66所示。

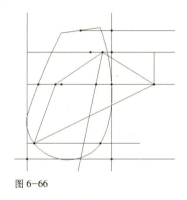

图6-66

【两线求交】工具:求出袖窿深线与前胸宽线的交点。

【任意点】工具:参考点—袖窿深线与前胸宽线的交点,X偏移量——3.5cm,Y偏移量—0.7cm,如图6-67所示。

求出该任意点的对称点,对称轴为前胸宽线,如图6-68所示。

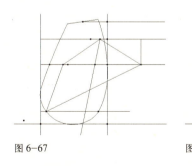 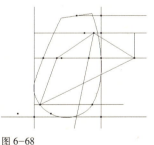

图6-67　　　　图6-68

袖山弧线:

【等分线】工具:求出前后两条坡线的中点。

【垂线】工具:分别在中点作两坡线的垂线,长度—1.3、1cm。

【自由曲线】工具:连接各参考点,形成袖山弧线,如图6-69所示。

图6-69

【射线】工具:连接袖长线。

【任意点】工具:参考点—袖长斜线与前胸宽线的交点,X偏移量——1cm,Y偏移量—0cm。

【任意点】工具:参考点—1cm点,X偏移量——3cm,Y偏移量—0cm。

【任意点】工具:参考点—1cm点,X偏移量——3cm,Y偏移量—0cm,如图6-70所示。

【垂线】工具:作袖长斜线的垂线。

【线上取点4】工具:参考线—袖长斜线的垂线,参考点—1cm点,点空,方向—1,比例—1,增量—袖口。

【射线】工具:连接袖口大点至袖肥点,如图6-71所示。

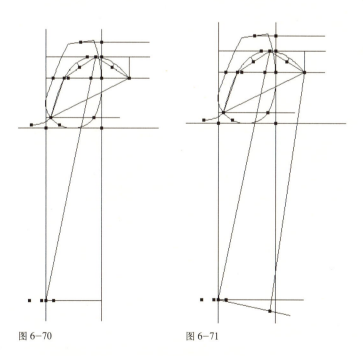

图6-70　　　　图6-71

【射线】工具:连接大小袖袖口线,如图6-72所示。

【等分线】工具:求出袖对位线与底边长线的中点。

【线上取点1】工具:参考线—前胸宽线,参考点—中点,距离—1cm。

【射线】工具：连接大小袖袖中线。

【任意点】工具：参考点—1cm 点，X 偏移量—1cm，Y 偏移量—0cm。

【任意点】工具：参考点—袖中线上的 1cm 点，X 偏移量—3cm，Y 偏移量—0cm。

【任意点】工具：参考点—袖中线上的 1cm 点，X 偏移量——3cm，Y 偏移量—0cm，如图 6-73 所示。

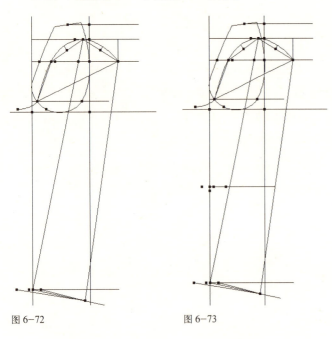

图 6-72　　　　　图 6-73

【自由曲线】工具：连接大、小袖里袖缝曲线，如图 6-74 所示。

【两线求交】工具：求出袖窿深线与外袖缝斜线交点。

【线上取点 1】工具：参考线—袖窿深线，参考点—交点，距离—2cm，如图 6-75 所示。

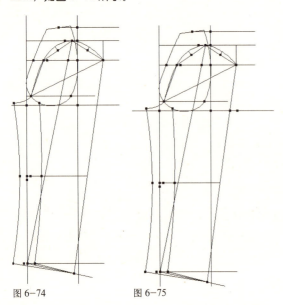

图 6-74　　　　　图 6-75

【自由曲线】工具：连接大袖外袖缝线，如图 6-76 所示。

【自由曲线】工具：连接小袖外袖缝线，连接小袖腋下缝，如图 6-77 所示。

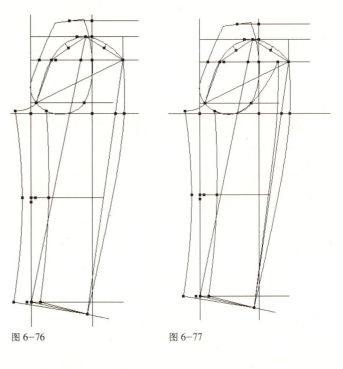

图 6-76　　　　　图 6-77

大小袖衩：

【线上取点 1】工具：参考线—分别取大小袖外袖缝，参考点—大小袖缝与袖长线的交点，参考距离—12cm。

【线上取点 1】工具：参考线—袖长线，参考点—大小袖缝与袖长线的交点，参考距离—3cm。

【垂线】工具：12cm 点平行于袖长线，长度—3cm。

【射线】工具：分别连接大小袖的袖衩，如图 6-78 所示。

【任意点】工具：参考点—大小袖缝与袖长线的交点，X 偏移量——1.8cm，Y 偏移量—3.5cm。

【射线】工具：以该点为基准，作一垂直于袖长线的射线，如图 6-79 所示。

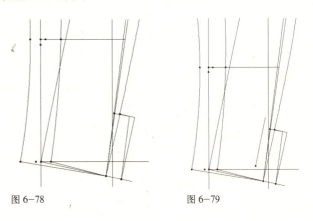

图 6-78　　　　　图 6-79

【线上取点1】工具：在该线上分别隔1.8cm取一个扣位点，如图6-80所示。

男西服最终结构图如图6-81所示。

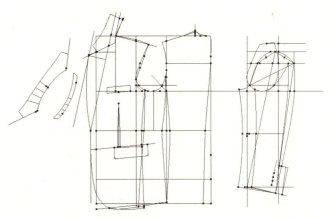

图6-81 男西服最终结构图

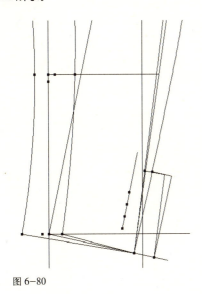

图6-80

参考文献

【1】熊能著．世界经典服装设计与纸样系列丛书【M】．南昌：江西美术出版社，2007．